내가 꿈꾸는 그곳

내가 꿈꾸는 그곳

이정민 지음

이담 Books

저자의 인세 전액은 필리핀 실로암아카데미(Siloam Academy)의 장학금과
우리나라 에코팜므(EcoFemme)의 이주여성 지원비로 쓰입니다.

우리 5남매 곁을 떠날 채비를 하시던 나의 어머니.

우리는 당신의 무의식 속에서
목소리의 멍에가 담긴 이 말을 들어야만 했고,
이내 잊을 수 없는 말이 되었습니다.

"양탄자를 깔아라. 새가 되어 날아가게!"

한국의 어머니로서, 아내로서, 그리고 여자로서
전통과 관습, 가족을 지키며 살아야 했던 굳센 나의 어머니.

당신이 우리 곁을 떠나고 나서야
비로소 당신의 자리가
얼마나 높고 훌륭한지를 알게 되었습니다.

올해 60번째 생신을 맞이하신 사랑하는
나의 어머니께 이 책을 바칩니다.

　황황하고 무궤도였던 이십 대의 삶은 거두어들임보다는 맞서서 부닥치는 일이 많았고, 많은 경험을 하고 싶어서 삼십 대에 꼽들어질 때까지 국내와 해외경험을 쌓는 것만 열심이었다. 삶의 목적과 목표가 무엇이고 삶의 행복과 가치를 어디에 두고 사는지 자욱한 안갯속에 있다는 기분이 들었다. 깊수룸하고 눈부신 삼십 대를 맞이하기에는 손에 쥔 것이 없었던 지난날에 대한 헛헛함을 돌아보고, 앞으로의 삶을 채우고 싶었다. 그리고 가까운 주변에서 넌지시 말하는 것들이 싫어서 방에 붙여두었던 세계지도에 길을 그리며 길 채비를 했다.

　섣부른 생각으로 흥뚱거리던 나는, 뜻이 이루어지지 않던 해에 오래도록 먹먹했었다. 나는 열리지도 않는 그 문 앞에 기대어 서서 물끄러미 먼 산을 바라보다가 다른 문에서 환한 빛이 새어나오는 것을 보았다. 바로 나의 신이 예비해 둔 '꿈꾸는 그곳'이었다. 그리고 한갓되이 나의 기쁨과 즐거움만으로 채우는 소비의 관광을 하고 싶지 않아서 길잡이 책을 뒤적거리다가 임영신 여행가의 '희망을 여행하라!'를 읽으며 책임여행(Responsible Travel)을 위한 나만의 지킴을 만들어 보았다.

2004년 필리핀(The Philippines)에서 자원활동을 하는 동안에 짬을 내서 갔던 보라카이 해변(Boracay Beach)과 2005년에 일하면서 잠깐 다녀왔던 필리핀 민도로 섬(Mindoro Island)에서 한국인 남성들이 현지인 젊은 여성들과 성 관광을 위한 만남을 즐기고, 무리로 몰려다니면서 주위 사람들의 눈살을 찌그러지게 하는 것이 면괴스러웠다. 2006년에 키르기스스탄(Kyrgyzstan)에서 자원활동을 하고 돌아와서 <아시아인권센터>에서 마련한 '아시아의 아동 성 착취 근절'에 관한 국제발표회에서 내가 보았던 그런 일들이 오직 개인의 도덕성이나 한 나라만의 문제가 아니며, 반드시 법적 구속력이 있음에 내 마음의 울림이 컸다.

나에게 틀이 없는 학교였던 동남아시아에서 아동 성 관광에 대한 책임여행(Responsible Travel)을 실천하고 싶었고, 이것을 통해 느낀 것을 책으로 엮고 싶었다. 또한 환경을 생각하여 탄소발생을 줄이려고 비행기가 아닌 버스나 기차, 선박 등 육로로 다닌 여행길을 소개하고 싶었다.

끝없는 벌판에서도 소금기둥이 되지 않고, 어려움을 능히 이겨낼 수 있는 믿음과 깜냥을 주신 하나님께 감사하다. 그리고 늘 뒷받침이 되어주는 가족들과 나그넷길이 잘 끝날 수 있도록 북돋워 준 여고 동창 순복과 미정, 금융제도가 마뜩잖은 싱가포르(Singapore)에서 한 치의 망설임 없이 바라지해 준 코피온 동기(10기) 지영, 중국 센양(Syenyang)에서 푸짐한 식사와 말말결을 나누었던 옛 직장친구 진선, 길 위에서 만난 여러 나그네들, 사진으로 같은 마음이 되어준 나그네들에게 고마움을 전한다.

끝으로, 풋내기 나그네의 이야기를 올올이 엮어 책으로 나올 수 있
도록 해준 한국학술정보(주)에 고마움을 남긴다.

2011년 첫겨울 어느 날

이정민 씀

　실로암아카데미(Siloam Academy)는 필리핀(The Philippines)의 수도 마닐라(Manila) 변두리에 있는 케손시티(Quezon City)의 파야타스(Payatas)에 있다. 파야타스(Payatas)는 슬럼지역으로 일명 '쓰레기 산동네'로 알려진 곳이다. 필리핀 정부가 도시의 아름다움을 망친다면서 1994년에 마닐라 도심에 있던 또 다른 쓰레기장을 메우자 그곳에 살던 지역주민 중 공공주택에 못 들어간 주민이 파야타스(Payatas)로 들어오면서 한 마을이 되었다. 2000년에 파야타스(Payatas)에서 쓰레기에서 저절로 나오는 뜨거운 열로 불이 났고, 쓰레기 더미가 무너져 약 1천 명이 생을 달리했다. 필리핀 정부는 약간의 돈을 쥐여주고는 그 일을 어물어물 덮어버렸다. 또한 해마다 태풍으로 홍수피해도 겪고 있다.

　파야타스(Payatas)에는 변변한 학교도, 학비를 낼 수 있는 형편인 가정도 없었다. 이를 알게 된 한국인 남순우 선교사가 이곳에 필리핀 정부의 허가를 받아서 1995년에 유치원을 개원했다. 그다음 해에는 많은 학부모의 뜻에 따라 유치원 건물에 초등학교도 개교했다. 그런데 초등학교를 마치고도 고등학교에 진학하지 못하거나 일자리를 얻을 수 없는 학생들이 많아서 고등학교도 세웠다. 이렇게 배움터를 늘

릴 수 있었던 것은 한국에서 많은 분이 도움을 준 덕분이다. 그러나 고등학교 졸업장이 있어도 가난한 가정의 젊은이들에게는 삶의 빛을 찾는 것조차 녹록지 않다. 이것이 필리핀 사회의 또 다른 모습이다. 그래서 실로암대학교를 설립 중에 있다.

글쓴이는 비정부단체인 코피온(COPION, 세계청년봉사단)을 거쳐 필리핀(The Philippines)에서 2004년에 6개월 동안 칼룽안 사 미니스트리(Kanlungansa Ministry)와 실로암아카데미(Siloam Christian Academy)에서 자원활동을 했다.

• 더 많은 글과 사진 참조 www.cafe.daum.net/siloamph
www.cyworld.com/siloamph

▶ 실로암아카데미 초 · 고등학교

　　에코팜므(EcoFemme)는 여러 이야기를 안고 낯선 한국 땅에서 살아가는 이주여성이 잘 적응하고, 자립하여 주도적인 삶을 살 수 있도록 교육하고 지원한다. 에코팜므(EcoFemme)는 이들 이주여성을 위한 상담과 교육서비스를 제공하는 것은 물론, 예술적 소양을 발굴하고 계발하여 '작가 되기'를 지원하며 경제적 활동뿐만 아니라 예술적 소양을 끌어올리는 비영리단체이다. 게다가 직접 만든 작품(주로 자국문화가 담긴 작품)이 상품화되면 그 수익금은 이주여성과 단체가 공정하게 분배하고 작가에게 로열티도 지급한다. 홍대에 있는 매장에는 이주여성들이 손수 만든 수공예품, 공정무역을 통해 들여온 아프리카 수공예품, 친환경재료로 만든 아시아 수공예품을 판매하고 있다.

◀ 에코팜므 홍대매장

● 자세한 내용 참조
www.ecofemme.or.kr

차례

지도로 보는 동남아시아 한 바퀴

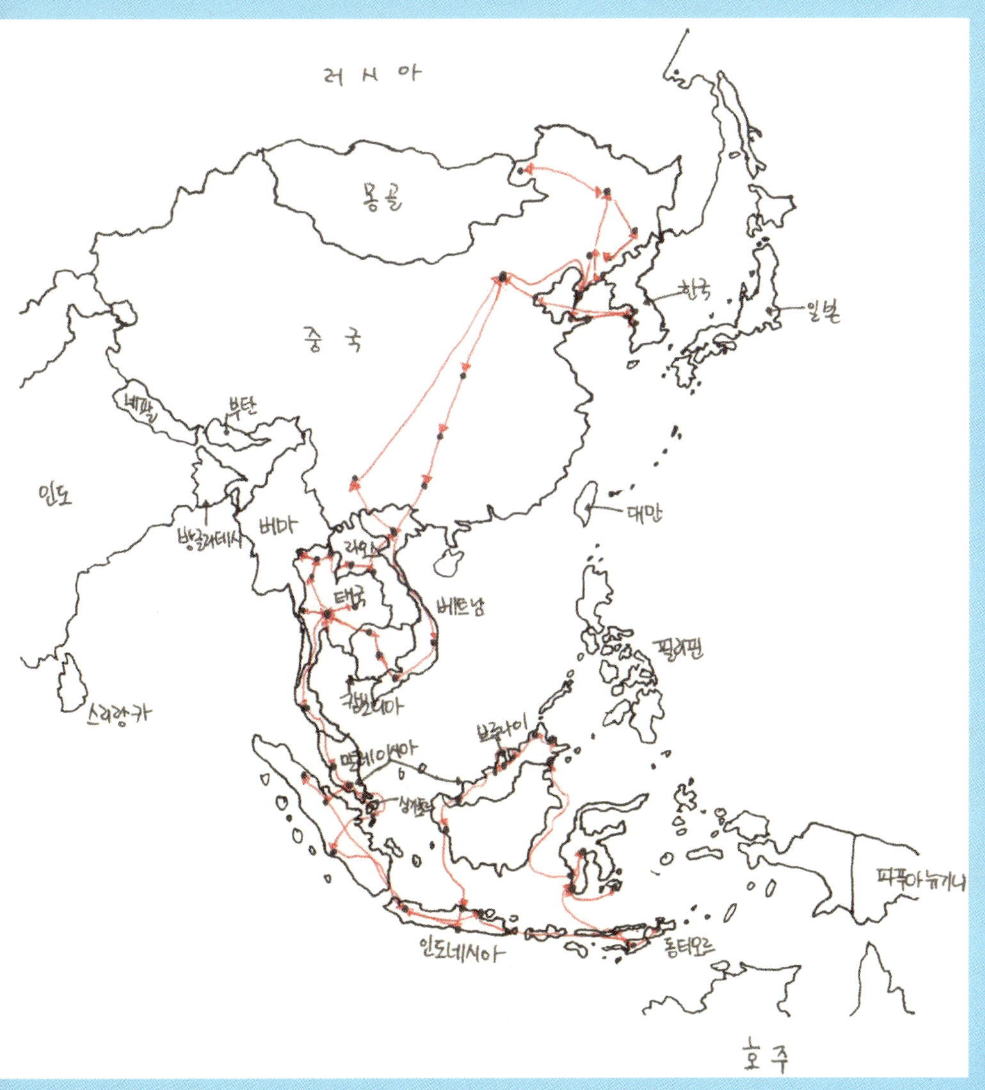

책임여행(Responsible Travel)이란 여행자가 들르는 국가의 경제·환경·문화를 존중하고, 그곳의 문화를 마땅히 지켜야 한다는 마음가짐이 있어야 한다는 뜻이다. 특히 관광객의 윤리적 몫에 무게를 둔다. 책임여행(Responsible Travel)은 예전의 대규모 패키지 관광에 반한 새로운 관광의 흐름으로 지속가능한 관광(Sustainable Tourism), 생태관광(Eco Tourism)과 함께 사용하는 용어이다. 또한 2002년 케이프타운선언(The 2002 Cape Town Declaration on Responsible Tourism)은 외국인 관광객이 지역주민에게 보탬이 되어 넉넉한 삶을 살 수 있도록 북돋우는 것을 말한다. 현재 책임여행(Responsible Travel)은 전 세계적으로 빠르게 퍼지고 있다.

영국(The United Kingdom)의 리스폰서블 트래블(Responsible Travel, UK; www.responsibletravel.com)은 2001년에 가장 먼저 만든 책임여행 전문여행사로 '책임 있는 여행자'와 현지 여행사를 이어주는 여행의 새로운 흐름을 만들었다. 우리나라에는 2007년 9월 책임여행 전문여행사인 '착한여행(Good Travel, Agent; www.goodtravel.kr)'이 만들어졌다. 착한여행(Good Travel)은 여행자들과 가고자 하는 그 지역에 사는 지역주민을 이어주며 그들의 역사·환경·경제·문화를 존중하고, 다른 사람을 먼저 생각하는 여행에 중점을 두는 책임여행을 실천하고 있다. 또한 감동과 재미, 체험으로 얻은 지식을 나누고 배우는 나들이로 지속적인 관계를 유지하도록 지지하고 있다.

여기서 잠깐!

글쓴이는 책임여행(Responsible Travel)을 위해 10가지 원칙을 정하고, 나그넷길에 올랐다.

하나, 비행기보다는 다른 탈 것을 이용하기

둘, 일회용품(샴푸·식기·휴지 등) 이용하지 않기

셋, 다국적기업·호텔·레스토랑보다는 재래시장·현지인 운영의 민박집·음식점 이용하기

넷, 박물관부터 관람하기(동물원·인간동물원 제외)

다섯, 인물 사진 찍을 때는 상대방의 동의를 구하기

여섯, 여행책 구입(헌책 OK)보다는 현지인들 혹은 여행자들에게 정보 구하기

일곱, 인사말은 현지어로 하기

여덟, 미소 짓기

아홉, 성 관광 근절 관련 단체 방문하기

열, 1%나눔(기부) 실천하기

아동 성 착취(Sexual Exploitation) 근절을 위해 애쓰는 비정부단체인 에팟 인터내셔날(Ecpat International)*은 상업적으로 이뤄지는 아동 성 착취는 인권과 아동권리의 기본권을 해치는 것이라고 한다. 그리고 상업적 아동 성 착취를 아동이 갖추어야 할 품위를 떨어뜨리고 잘못된 길로 빠지게 하며 신체적·정신사회적으로 모든 것을 파괴시키는 범죄라고 본다. 또한 성을 바탕으로 하는 아동매춘, 아동 포르노그래피, 아동 인신매매는 서로 밀접하게 연결되어 있으며 아동 성 관광과 아동 조혼, 강제결혼도 아동 성 착취로 본다.

아동 성 관광(Child Sex Tourism)은 다른 나라(주로 부유한 국가에서 덜 부유한 국가로 이동)에서 관광을 즐기는 관광객이 성을 바탕으로 18세 미만의 아동을 착취하는 것을 말한다. 여기서 아동은 18세 미만의 남아와 여아이며, 특히 가난한 시골이나 거리의 아동들이 위험에 노출되어 있다. 심지어 수많은 아동들이 가족이나 친구에 의해 매춘업소에 팔리게 되고, 꼬임에 넘어가 강제로 끌려가기도 한다. 어떤 아동들은 삶을 이어가기 위해 매춘을 해야 하기도 한다. 아동들이 성적으로 착취를 당하는 원인에는 여러 가지가 얽혀 있으며, 가난, 교육, 일자리 부족, 무주택, 범죄연결망, 가족해체가 그 예이다. 더욱이 남존여비사상이

---

* ECPAT International(엑팟, End Child Prostitution, Child Pornography and Trafficking of Children for Sexual Purposes)은 태국 방콕에 있는 비정부단체(NGO)이다. 전 세계의 아동 성 착취 끝막음을 위해 애쓰는 엑팟(ECPAT International)은 1996년에 상업적 아동 성 착취 근절을 위해 아시아뿐만 아니라 전 세계에 걸쳐 많은 나라와 한뜻이 되었다.

강한 소수민족의 여아들이 더 많이 당한다고 하며 아동들을 글로벌 시장에서 사고팔 수 있는 상품으로 보는 것도 원인이다.

안타깝게도 상업적 아동 성 착취와 관광산업은 밀접하게 이어져 있다. 영국 등 많은 나라에서 휴가로 가는 직항이 저렴하게 나오면서 관광산업은 페도필리아(아동 성애호가)와 성범죄자들이 아동에게 수월스레 드나들게 했다. 아동 성 관광은 불법일 뿐만 아니라 관광산업에도 이롭지 않다고 말한다. 책임여행(Responsible Travel)을 실천하는 관광기획자들은 이러한 범죄를 근절하는 데 이바지하고자 관광업계가 성 착취로부터 아동을 지켜야 하는 행동강령(The Code of Conduct for the Protection of Children from Sexual Exploitation in Travel and Tourism)에 서명하도록 지지하고 있다.

01

중국 China

공식명칭 : 중화인민공화국(The People's Republic of China)

위치 : 아시아 동부

면적 : 9,572,900k㎡

인구 : 약 13억 7,053만 명(2010년 말 기준)

수도 : 베이징(Beijing)

정체 : 인민공화제, 일당제

언어 : 중국어

인종 : 한족 94%, 55개 소수민족 6%

종교 : 불교, 도교, 이슬람교 등

날씨 : 국토가 넓고 기후도 다양하다.

비자 : 관광비자(30일)가 있어야 한다.

시차 : 한국보다 1시간 늦다.

통화 : 위안(元, Yuan)

체험물가 : 생수(1L) 3~4위안, 인터넷(1시간) 6~8위안(지역별로 차이가 크다)

　　　* 2009년도 저자가 여행했던 당시의 체험물가이다.

음식 : 중국요리는 북경요리, 상해요리, 사천요리, 광동요리 등 4대
　　　계통으로 분류한다.

국기 : 적색은 중국공산당(큰 별)을 중심으로 노동자, 농민, 소부르주
　　　아, 민족부르주아계급(4개의 작은 별) 등 모든 중국 인민이 단
　　　결하자는 뜻을 지닌다.

● 자료 출처 : 주중국대한민국대사관 www.koreanembassay.cn

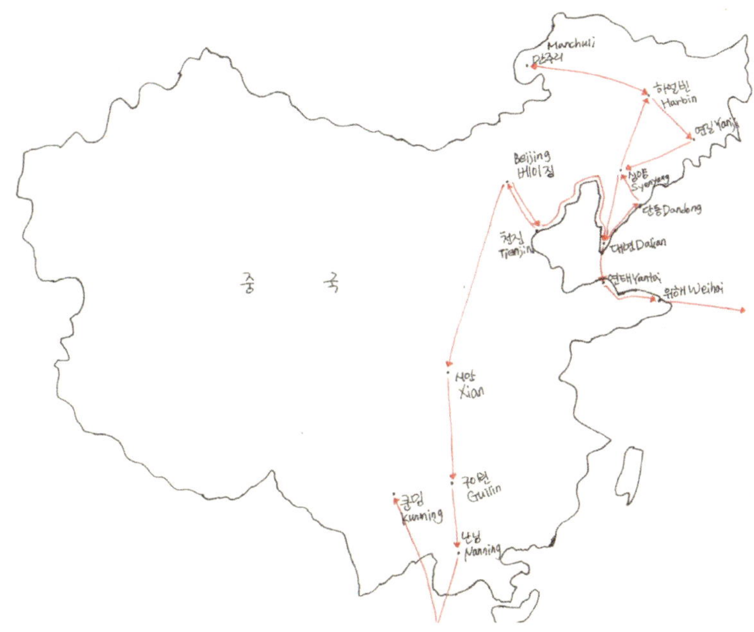

1. 인천국제여객터미널Incheon International Ferry Terminal →베이징Beijing →시안Xian →구이린Guilin →난닝Nanning →베트남 하노이Hanoi

2. 베트남 허커우Hekou → 중국 쿤밍Kunming → 베이징Beijing → 다롄Dalian → 단둥Dandong → 션양Syenyang → 하얼빈Harbin → 만저우리Manzhouli → 룽징Longjing → 투먼Tumen → 다롄Dalian → 옌타이Yantai → 웨이하이Weihai → 평택국제여객터미널Pyeongtaek International Ferry Terminal

첫가을, 들뜬 마음으로 중국(China) 톈진(Tienjin)행 국제여객선에서부터 길을 시작한다. 베이징(Beijing)행 순환버스는 뉘엿뉘엿 저물어가는 해거름을 따라 시원하게 뻗은 고속도로를 달려 밤 8시가 되어서야 베이징외국어대학교(Beijing Foreign Studies University)에 이르렀다. 대학교답게 젊은이들의 활기찬 분위기가 풍겼고, 우리나라 노래도 흘러나왔다. 중국(China)을 거쳐 카자흐스탄(Kazakhstan)으로 들어가는 일본인 친구와 아쉬운 인사를 하고 베이징 역(Beijing Railway Station) 앞에 있는 유스호스텔로 갔다. 복합건물 1층에 있는 유스호스텔에 들어갔는데 표정 없는 얼굴과 딱딱한 직원들의 모습에 흠칫 놀라기도 했다.

이튿날 아침, 작은 가방을 걸메고는 세계적으로 유명한 베이징 거리를 또박또박 걸어보았다. 자금성(The Old Palace), 천안문 광장(The Tiananmen Square), 이화원(The Summer Palace), 만리장성(The Great Wall), 북해(The Beihai Park) 등 중국(China)의 향기가 물씬 풍기는 곳. 푹푹 찌삶는 무더위 속에 넓디넓은 관광지를 돌아다녔더니 몸이 늘쩡거렸다.

황금색 지붕과 짙은 갈색의 담벼락이 중국의 멋스러움을 자아내는 자금성(The Old Palace)은 명·청나라 때 500여 년간 24명의 황제가 살았던 옛궁(The Old Palace)이다. 800개 정도의 건축물과 9,000개 정도의 방이 있고, 드넓은 뜰과 수많은 건축물로 이루어져 있어서 미로와도 같았다. 자금성은 1949년 중국공산당이 정권을 잡은 후에야 비로소 시

민들에게 드러냈고, 중국 문화의 으뜸으로 손꼽히고 있다.

천안문(The Tiananmen)은 1417년에 시작하여 1420년에 완성한 건축물이다. 그 당시에는 승천문으로 불렸다가 1651년에 확장하면서 지금의 천안문으로 불리게 되었다. 천안문광장(The Tiananmen Square)은 청(淸)나라 때의 광장으로 현대 중국(China)의 상징이기도 하다. 1989년 민주화 요구시위와 1919년 5·4운동 등 시위 자리로 많이 쓰이며 국경일의 행사도 많이 거행된다.

내가 들렀을 때는 독립 60주년 행사를 준비가 한창이었고, 천안문광장(The Tiananmen Square)의 남쪽에 마오쩌둥기념당(Mausoleum of Mao Zedong)이 있다. 중국공산당의 주석이었던 마오쩌둥(Mao Zedong)을 기리기 위해 세운 건물이다. 북쪽에는 앉아 있는 마오쩌둥의 동상이 있고, 예배의 방에는 마오쩌둥의 시신이 안치되어 있는 유리관이 있다. 첫가을의 뜨거운 태양 아래 기다란 줄을 서서 들어가니 중국 어르신들이 꽃

을 고이 바치고, 큰절을 하고 있었다.

1998년에 유네스코(UNESCO)가 지정한 세계문화유산이 된 인공호수 곤명호(쿤밍, Kunming)와 화려한 별장 이화원(The Summer Palace)은 중국의 가장 큰 황실터이다. 1860년에 제2차 아편전쟁으로 못쓰게 된 뒤 1888년에 서태후가 다듬었다. 내가 들렀던 때에도 넓디넓은 이화원에는 나들이를 나온 사람들로 붐볐다.

만리장성(The Great Wall)은 6세기에 만들기 시작했다. 명나라는 15~16세기에 북녘에 있던 몽골(Mongolia)을 막기 위해 만리장성을 다시 다듬었다. 북방민족인 만주족이 세운 청(淸) 왕조에서는 군사적으로 대수로이 여기지 않아서 그대로 두었다가, 중화인민공화국 때 관광을 위해 새로이 고치어 지금에 이르렀다고 한다.

여기서 잠깐!

만리장성(The Great Wall) 패키지여행을 바란다면, 꼼꼼하게 살펴보세요!

유스호스텔에서 만리장성 패키지여행을 미리 말해두었다. 역사적으로 알려진 명나라 무덤을 잠깐 들르고는 물품판매에 바탕을 둔 옥공예 공장을 둘러보고는 만리장성에 닿았다. 관광객은 가파른 쪽과 수월한 쪽으로 나뉘었다. 한쪽을 골라야 하는 등 짧은 시간 동안 만리장성을 오르락내리락해야만 했다. 점심식사는 여행사 쪽과 이음매가 된 식당이었다. 8인 식사비가 겨우 100위안이었다. 오후에는 일정에 없던 베이징 시내관광으로 이어졌다. 실크백화점, 유명한 찻집, 발마사지숍의 쇼핑관광만 했던 패키지여행이 마뜩잖았다.

'진시황릉의 병마용박물관(The Museum of Qin Terracotta Warriors and Horses)'으로 가려고 베이징 서역(The WestBeijing Railway Station)에서 침대기차를 탔다. 침대기차의 특실(4인 1실)에 남녀 구분 없이 모두가 쓰고 있는 중국 문화가 멋쩍어서 시쁜 웃음만 지었다. 다음 날 아침, 시안 역(Xian Railway Station)에 내리자마자 그날 밤에 떠날 구이린(Guilin)행 밤 기차표를 살 때 친절하게 도와준 중국인. 그들과의 몸짓 대화가 여행의 또 다른 즐거움을 준다.

시안 역(Xian Railway Station) 광장에서 진시황릉의 병마용박물관으로 가는 3번 공공버스에 올랐다. 헤드마이크를 쓴 웃음기 없는 얼굴의 젊은 여자 길잡이가 진시황릉의 병마용박물관에 대해 영어와 중국어로 말하는데, 그녀의 딱딱하고 혁명적인 말투가 중국의 예스러움을 보여주는 것 같았다. 너무 심하게 빨리 달리는 공공버스가 박물관에 닿았다. 큰 배낭만 물품보관소에 맡기고는 널따란 터로 올라갔더니 그곳에는 이미 단체 나들이를 즐기는 일본인 어르신들, 외국인 여행자들, 가족이나 친구들과 함께 온 중국인들, 소풍 온 중국인 학생들로 북새통을 이루었다.

진시황릉의 병마용박물관은 전시관이 여러 개로 나뉘어 있고, 계속 발굴하고 있는 것을 보면 무덤이 어마어마하게 크긴 큰가 보다. 진시황이 13세에 즉위하여 36년에 걸려 완공된 진시황릉은 1974년

한 농부에 의해 발견되었다고 한다. 제1전시관은 우리가 책에서 많이 보던 곳으로 나란히 줄 서 있는 전사들마다 구구한 표정을 하고 있어서 마치 살아 있는 듯했고, 다른 전시관에는 한 마을을 똑같이 만든 것처럼 그때의 가옥들까지 고스란히 있었다.

▶ 용사들마다 표정이 다르고 계속 발굴 중인 진시황릉의 병마용박물관

9월 중순, 구이린(Guilin) 역에서 나오자마자 나를 반기는 것은 혁혁한 열대기후와 거리에 살림을 차린 얇은 옷차림의 사람들. 이것저것 볼거리가 쏠쏠한 야시장을 둘러보고는 새벽거리도 거닐었다. 드디어 아침 태양이 떠오르고 중국인들이 많이 찾는다는 종유석 동굴에 도착하여 단체 나들이를 하는 중국인들에 섞여 동굴로 들어갔다. 길잡이는 동굴 안에 사는 원숭이 3마리에게 먹이를 줄 수 있다면서 차분하게 말하다가 자기네들끼리 왁자지껄하는 중국인들 때문에 예뻤던 그녀의 얼굴이 씰그러졌다.

구이린에서 꽤 알려진 푸보 산(복파산, Fubo Hill)에 즐거운 마음으로 갔으나 큰 배낭을 맡길 수 없다는 말에 다시 시내로 돌아가야만 했다. 유스호스텔에 배낭 맡기는 값을 치를 수밖에 없었다. 중국정부에서 정한 AAAA급 관광지인데도 여행자를 위한 배려가 전혀 없는 것이 몰강스러웠다. 시내로 간 김에 코끼리 산(Elephant Hill)부터 둘러볼 작정으로 걷고 또 걸어 수많은 계단을 올라간 꼭대기에서 구이린의 우뚝 솟은 산과 강을 한눈에 담아 둔다. 언덕에서 다른 쪽으로 내려오면 코끼리의 코처럼 보이는 바위가 있는데 그곳에는 중국문인들의 시가 적혀 있다.

동굴 안에서 종교생활을 했던 자취가 있는 다이카이(Diecai Hill)를 지나 푸보 산 꼭대기에서 바라본 구이린은 마치 한 폭의 산수화를 보는 것처럼 다함없이 아름다웠다. 가을햇살은 뜨거웠지만, 삽상한 바람이 상쾌했다. 산꼭대기에서 아름다운 풍광을 지긋이 바라보는데 '야호'를 외치는 한국인 단체관광객들과 시끄럽게 떠들고 담배를 피우는 중국인 관광객들을 벗어나고 싶은 마음부터 들었다.

우리말로 '계림'으로 불리는 구이린(Guilin)은 계수나무가 많은 곳으로 '계수나무 꽃이 흐드러지게 피는 곳'을 뜻하고, 빼어난 풍치로 예로부터 시인과 화가들의 글과 그림의 소재가 되어왔다고 한다. 특히 독특한 모양의 기암괴석으로 알려졌는데, 카르스트지형인 이곳은 지각변동으로 인해 해저가 땅으로 올라오면서 만들어진 것이라고 한다.

▶ 독특한 아름다움이 있는 구이린에서 한 폭의 산수화를 감상하다.

동남아시아에 꼽들다, 난닝(Nanning)

다음 날 새벽 갓밝이, 지하철만 있으면 우리의 서울과도 같은 난닝시(Nanning City)에 도착. 이른 아침에 출근하는 젊은이에게 유스호스텔(靑年旅社)을 물었더니 자기 손전화로 114에 물어보고, 택시 운전기사에게 호스텔을 알려주는 등 낯선 이에게 무척 친절했다. 그러나 택시를 타고 간 곳은 높은 빌딩 4층에 있는 청년여행사(靑年旅行社). 택시 기사에게 시쁜 웃음만 짓고는 작은 호텔을 찾아나섰다.

다국적 쇼핑몰과 패스트푸드점이 즐비한 중심가를 벗어나 현지음식점으로 들어갔는데, 탁자 위에는 랩으로 포장된 컵과 수저, 개인 그릇이 놓여 있다. 이 도시는 동남아시아와 가까이에 있어서 그런지 낯선 이에게도 친절하고, 영어로 대화가 가능했다. 토요일 저녁, 난닝시의 중심가는 우리네 명동거리처럼 젊은이들로 북적이고, 거리는 온통 작은 오토바이(스쿠터)의 주차장을 방불케 했다. 젊은이들을 겨냥한 중심지를 조금 벗어나면, 또 다른 세상이 펼쳐진다. 거리가 울퉁불퉁하고 지저분한 쪽에는 시각장애인들의 야외안마시술소가 있고, 맞은바라기에는 아주머니들이 열대과일을 팔고 있었다. 드레드레한 열대과일이 동남아시아에 꼽들었음을 알려준다.

전날 밤에 괭이잠을 잔 나는, 나만의 책임여행원칙을 가뿐히 깼다. 문을 일찍 연 다국적패스트푸드점에서 커피를 찾았던 것. 그나마 종이컵에 주려는 직원에게 부탁하여 개인 잔에 담았다. 종이컵을 쓰지 않았다는 기쁜 마음으로 깨끗한 청계산(청계공원)으로 올라갔다. 저만치에 소수민족 조각상과 국제공원이 보인다. 지나면 국제공원이 나온다. 공원에 자매결연 맺은 도시들의 상징물이 있는데 우리나라의 과천시(Gwacheon City)의 것도 자리하고 있다. 물고기가 많은 호수와 열대우림, 불교사원도 있다. 다음 날, 광활한 중국 대륙을 남겨두고 난닝 시 변두리에 있는 랑동종합버스터미널에서 베트남 하노이(Hanoi)행 국제버스에 올랐다.

02

베트남 Vietnam

공식명칭 : 베트남사회주의공화국(The Socialist Republic of Vietnam)

위치 : 인도차이나 반도 중앙부

면적 : 33,341㎢(한반도의 1.5배)

인구 : 약 8,500만 명(2009년 기준, 약 70.4%가 농촌거주)

수도 : 하노이(Hanoi)

정체 : 사회주의공화제

언어 : 베트남어

인종 : 베트남족 89%, 타이, 므엉, 크메르 등 53개 산악소수민족

종교 : 불교 80%, 기독교 10%, 유교, 도교, 까오다이교 등

날씨 : 북부 - 고온다습한 아열대성 기후, 남부 - 열대몬순 기후

비자 : 비자 없이 15일 동안 체류 가능하다.

시차 : 한국보다 2시간 늦다.

통화 : 베트남 동(Vietnam Dong)

체험물가 : 생수(1L) 7,000VND

* 2009년도에 저자가 여행했던 당시의 체험물가이다.

음식 : 퍼(Pho), 분(Bun), 꾸온(Cuon), 짜조(Cha Gio), 반미(Banh Mi), 러우
(Lau) 등

국기 : 빨강색은 혁명을 위해 흘린 피와 조국의 정신을, 노란별의
다섯 모서리는 노동자, 농민, 지식인, 청년, 군인의 단결을
뜻한다.

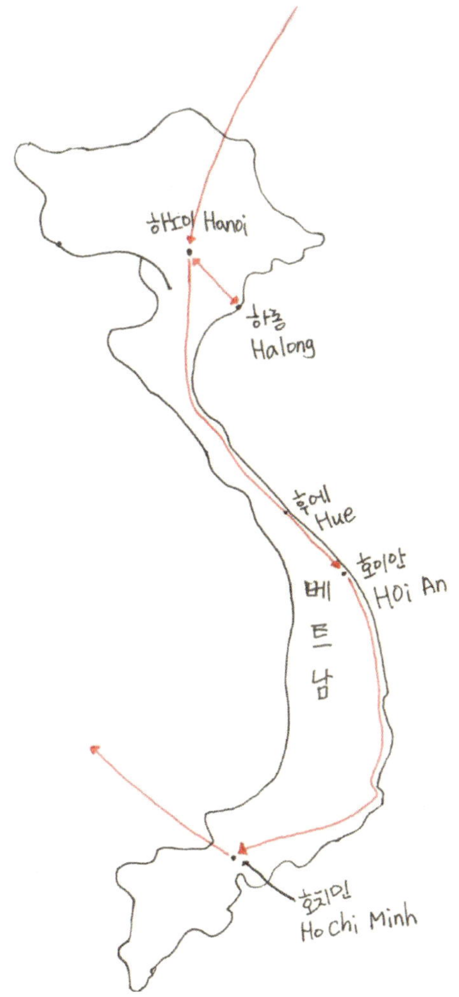

베트남 하노이Hanoi → 하롱베이Ha Long Bay → 호이안Hoi An → 사이공Saigon → 캄보디아 프놈펜Pnompenh

　우리나라 D회사에서 만든 시내버스를 타고 하노이(Hanoi)로 들어가는 길은 중국(China)과는 사뭇 달랐다. 뾰족하게 솟은 산, 도로 폭은 2차선의 굽잇길. 푹푹 찌삶는 무더위에 온종일 길 위에 있던 나는 입맛이 없어서 닭고기를 바나나 잎에 싸서 삶은 전통음식으로 입요기를 하고는 다시 버스에 올랐다.

　늦은 오후가 되어서야 도착한 하노이(Hanoi)는 저녁인데도 날씨가 후텁지근했고, 한 걸음을 내딛는 것조차도 힘들 정도로 배가 아파서 일단 눈에 띄는 호텔로 곧장 갈 수밖에 없었다. 배가 아파서 몸을 곱송그려 걷는데 눈에 띄는 것이 있었으니 바로 도로 건너에 베트남(Vietnam) 전통모자 '논(Non)'을 쓴 여성이 바게트를 주렁주렁 매달고 걸어가는 모습이었다. 내가 베트남(Vietnam)을 조금이라도 친숙한 것은 코피온(COPION, 해외자원활동가 파견단체)의 귀국단원들 모임 중 하나인 '세계음식체험모임'에서였다.

　호안끼엠 호수(The Hoan Kiem Lake) 주변에 머물고 싶었던 나는 다음날 아침, 사뿟한 이슬비를 맞으며 하노이 중심가로 들어갔다. 베트남 전통의상인 '아오자이(Ao Dai)'를 입은 호텔 직원이 주로 배낭여행자들이 머무는 '리틀하노이(Little Hanoi)'라는 작은 호텔을 알려주었다. 좁은 계단을 따라 올라간 3층 방은 침대 두 개와 욕조 딸린 욕실, 선풍기, TV(케이블 연결)가 있는 방은 깨끗하고 조용했다. 호텔 직원은 하노이

- 사진 기부 : 김영민
▶ 벌집처럼 옹기종기 붙어 있는 베트남 가옥

- 사진 기부 : 김영민
▶ 출퇴근 시간에 하노이의 헬멧 물결

(Hanoi)가 매우 복잡하다면서 호안끼엠 호수 주변으로 골목길이 빽빽하게 그려진 지도를 건넨다.

　호수를 중심으로 왼쪽에는 주로 숙박시설, 음식점, 옷가게, 화장품 가게 등 상가중심지. 빈틈없이 빽빽하게 들어찬 상가건물의 거리는 마치 벌집처럼 보였다. 폭이 좁은 도로와 인도는 작은 오토바이의 주차장이자 노점상들까지 있어서 걷기에도 벅찬데다가 골목 길이는 짧지만 비슷비슷하고 많아서 낯선 이는 헷갈리기에 십상이다. 출퇴근 시간에는 일벌들이 골목골목에서 쏟아져 나와 답쌓이는 작은 오토바이 물결이 거리를 장식하는데 여기저기에서 부르릉거리고, 매연으로 목이 따갑고 탑탑하여 거리에서 파는 코코넛을 들이켰더니 금세 시원해졌다.

　다음 날은 역사박물관(The History Museum)으로 갔다. 작은 가방을 사물함에 넣어두고 올라간 2층은 졸음이 밀려올 만큼 조용하다. 고요한 2층에는 프랑스 젊은 여성들이 베트남 역사, 특히 프랑스 식민지 시절 고문하는 사진을 자세히 들여다보고 있었다. 다른 쪽에는 베트남 여학생들이 디지털 사진기로 역사 속의 사진들을 찍으며 뭔가를 열심히 찾고 있었다.

- 사진 기부: 김영민
▶ 혁명영웅인 호치민의 유해가 있는 호치민 묘소

- 사진 기부: 김영민
▶ 목을 시원하게 해주는 거리의 코코넛

 TV광고 속 멋진 풍경에 반한 하롱베이(Ha Long Bay). 하노이(Hanoi)에서 동쪽으로 170여㎞ 떨어진 중국 국경 근처에 있는 하롱베이는 1,970여 개의 기암괴석이 볼거리이다. 하롱(Ha Long)은 '용이 내려온 자리'라는 뜻이란다. 말갛게 개인 이른 아침, 늘 웃는 얼굴의 길잡이는 손님들이 각자 어디에서 왔는지 물어보며 각 나라 말로 아침인사를 건넨다. 같은 버스에서 만난 베트남(Vietnam) 신혼부부. 즐거워야 할 신부는 차멀미가 심해서 기진맥진해 있었다. 점심 무렵, 하롱베이 나루터(Ha Long Bay Port)에 다다랐다. 그곳에는 우리말로 된 간판이 참 많았다.

 바다 한가운데로 떠날 짙은 갈색의 나무유람선이 우리를 기다리고 있었다. 우리는 조심스레 다릿널을 밟는다. 나와 독일인 길벗, 베트남(Vietnam)인 신혼부부는 유람선에서 같이 식사를 즐기며 이런저런 얘기꽃을 피웠다. 대학교에서 경제학을 공부했다는 베트남인 신랑에 의하면, 하노이(Hanoi)에는 있단다. 가령 거리 이름이 '꽃'이라면 그곳은 꽃가게가 있다는 것. 베트남(Vietnam)에도 한류열풍이 휘몰아치고 있다면서 우리나라 연예인들 이야기가 나오자 독일인 길벗은 까다로운 중국 비자를 받기 어려워서 곧장 우리나라를 들른다고 한다. 우리나라에 대해 IT 및 반도체 산업만 발달한 나라로만 여겼던 그는 '아시아 속의 한류열풍'에 놀라움을 금치 못했다. 성격이 데설궂은 그에게 우리나라의 관광지를 두루뭉술하게 수첩에 적어주면서 우리나라를 구석구석 알려줄 수 없음에 부끄러웠다.

산들산들 불어오는 바닷바람을 쐬며 바다 한가운데 우두커니 서 있는 독특한 바위가 멋스러운 하롱베이에서 여럿이 모여 추억으로 남길 사진을 찍었다. 종유석동굴도 나름대로 멋졌다. 나긋한 목소리의 길잡이는 우리에게 종유석 동굴에 대해 이것저것 알려주고, 가끔씩 종유석이 무엇을 닮았는지 맞춰보라고 넌지시 묻기도 했다. 조명으로 도드라진 동굴 안을 둘러보고는 동굴 끝 가름대에 서서 바라본 하롱베이(Ha Long Bay)는 감탄사를 잊게 할 정도로 첫눈에 반했다.

▶ 세상없이 아름다운 용의 바다, 하롱베이

예스러움과 멋스러움, 호이안(Hoi An)

호이안(Hoian)으로 가는 길은 하노이(Hanoi)의 옛 수도 후에(Hue)에서 버스를 갈아타야 한다. 버스 출발시간이 많이 남아서 몇몇은 오토바이를 타고 옛 수도의 성곽을 둘러보러 떠났고, 나와 러시아인 할머니만 정류장에 덩그러니 남았다. 그 어르신은 러시아(Russia)에서 기차를 타고 카자흐스탄(Kazakhstan)을 거쳐 베트남(Vietnam)으로 왔단다. 대단한 체력의 소유자이시다. 우리는 다른 침대버스로 갈아타고는 땅거미가 내릴 때쯤 호이안(Hoian)에 닿았다. 더 어두워지기 전에 민박집을 빨리 찾아야 하기에 마음만 바빠진다. 어둠이 짙게 내리기 전에 가까스로 찾은 수영장 딸린 작은 호텔 침대에 눕자마자 바로 깊은 잠에 소르르 빠진다.

다음 날, 따사한 아침 햇살이 도시를 비추고, 오래된 중국식 사찰의 화려한 색감이 도드라져 보인다. 현대식 교회건물을 돌자 흙빛 강이 깊게 흐르고 양쪽 강가에는 오래된 집들이 나란하게 있다. 일본(Japan)에서 만들었다는 다리도 건너보고, 시골길처럼 정겨운 돌길도 거닐어 본다. 전통 집들을 카페나 레스토랑으로 손본 곳도 있고, 수공예품을 파는 가게들도 즐비했다. 내가 제일 먼저 찾은 곳은 옛 건물을 박물관으로 만들어 호이안의 역사를 알려주는 역사박물관(The History Museum). 해상무역이 일찍부터 시작되어 일본인(Japanese)과 중국인들(Chinese)이 들어왔고, 16세기 중엽 이래 인도, 포르투갈, 프랑스, 중국, 일본 등 여러 나라의 상선이 오가면서 무역도시로 활발했던 곳이다. 은은한 가로등 아래 예스러운 거리를 걷는 이 기분도 좋다.

다음 날 저녁, 사이공(Saigon)행 침대버스에 올랐다. 침대버스의 2층에서 잤던 나는 도로 사정도 그다지 좋지 않고, 제한속도 없이 달리는 버스가 조마조마해 몇 번씩 깼다. 꽤 알려진 해안가에서 다시 직행버스로 바꿔 타고는 어슬녘에서야 경제의 도시, 사이공(Saigon)에 다다랐다. 활발한 느낌이 드는 그 도시는 한창 공사 중이었고, 높은 빌딩과 공장들도 많았다. 그러나 사이공의 어둠이 드리워진 곳도 있으니 카페(맥주 바) 골목에서 젊은 여성들이 손님을 기다리는 모습을 쉽게 볼 수 있고, 모델처럼 생긴 여성들이 외국인 남자들과 걸어가는 모습이 씁쓸하다.

골목 깊숙이 있는 민박집에서 만난 프랑스인 중년남성은 베트남문화대백과사전을 살 정도로 베트남(Vietnam)을 사랑하는 대학교수였다. 그는 프랑스(France)에서도 널리 알려진 김기덕 감독의 영화 '나쁜 남자(Bad Boy)'뿐만 아니라 매춘을 좋게 꾸민 중국소설이 매우 인상깊단다. 그의 말에 나는 '여성을 오로지 성적인 존재로만 다루어서 나쁜 남자(Bad Boy)는 나쁜 영화(Bad Movie)!'라고 까슬까슬하게 말했다.

다음 날 아침, 사이공(Saigon)에서 마셔보는 베트남 커피. 알루미늄 드리퍼에 커피를 넣고 꾹 누르면 한 방울씩 똑똑 떨어지는 '느림의 아름다움'을 보여준다. 프랑스(France)의 식민지 시절에 머물렀던 프랑스인들이 짙은 베트남 커피에 우유를 넣게 되었는데 그것이 바로 카페라테의 역사라고 한다. 바쁜 하노이와 사뜻한 하롱베이, 느림의 멋스러움을 보여주는 베트남 커피, 파도치는 시원한 해변에 베트남의 풋정을 남겨두고 프놈펜(Pnompenh)행 버스에 오른다.

03

캄보디아 Cambodia

공식명칭 : 캄보디아왕국(The Kingdom of Cambodia)

위치 : 인도차이나 반도 남부

면적 : 181,035k㎡(남한의 약 1.8배)

인구 : 약 1,500만 명(2010년 기준)

수도 : 프놈펜(Pnompenh)

정체 : 입헌군주제로 국왕이 국가원수이나, 총리가 실질적으로 국
　　　정운영

언어 : 크메르어(캄보디아어)

인종 : 크메르인 90%, 기타 10%(베트남인, 고산족, 참족, 중국인)

종교 : 소승불교 95%, 기타 5%

날씨 : 고온다습한 열대 몬순 기후, 평균기온 27도

비자 : 비자가 있어야 한다(도착비자 가능).

시차 : 한국보다 2시간 늦다.

통화 : 리엘(Riel)(미국달러 사용 가능)

체험물가 : 생수(1L) 2,400Riel

　　　　* 2009년도에 저자가 여행했던 당시의 체험물가이다.

음식 : 꾸이띠우(Kutieu), 쏩쯔낭다이(Sup Chnang Dai), 쁘러혹(Prahok) 등

국기 : 흰색 문양의 중앙은 대표적인 문화유적지인 앙코르와트를
　　　　형상화했으며, 찬란한 크메르문화와 부를 상징한다. 적색은
　　　　불의에 대한 투쟁과 캄보디아인의 강인한 정신을, 청색은
　　　　농업과 환경을 상징한다.

● 자료 출처 : 주캄보디아대한민국대사관 홈페이지 www.khm.mofat.go.kr

베트남　　　사이공Saigon ⟶ 프놈펜Pnompenh ⟶ 시엠레아프/앙코르유적지Siem Reap/Angkor Ruins ⟶ 태국 방콕Bangkok

버스에서 창밖을 내다보니 캄보디아(Cambodia) 국경에는 카지노가 먼저 보이고, 주변에는 한국식당이 많다. 내가 탄 버스는 드넓은 평야도 가로지르고, 도중에 선박으로 다리가 없는 강도 건너고, 그렇게 한참을 달려 한눈에도 정리가 안 된 프놈펜 시외버스정류장에 도착했다. 호객꾼들의 계속되는 물음에 혜식은 웃음만 남기고는 일단 성큼성큼 걸어 큰길로 나가본다.

어렵사리 찾은 민박집에 배낭을 내려놓자마자 허기진 배를 채우려고 거리를 나섰더니 오토바이 운전기사들이 검지를 세워 1달러라고 외치는 소리에 내 얼굴이 아등그러졌다. 거리에는 캄보디아를 대표하는 식당보다는 패스트푸드점과 체인 레스토랑이 눈에 쉽게 띄었다. 그나마 야시장을 방불케 하는 거리의 식당에서 우리네 백숙과도 같은 죽이랑 열대과일주스로 기분을 달래본다. 옆자리에는 주말 저녁 작은 오토바이(스쿠터)를 타고 온 젊은 연인들이 괜스레 반가웠다.

다음 날 오후, 캄보디아국립박물관(The National Museum)과 왕궁(The Royal Palace),

▶ 크메르 양식의 국립박물관

독립기념탑(The Independence Monument, 1958년 독립 5주년 기념으로 세운 탑)을 들렀다. 높은 담벼락 너머로 끝이 뾰족한 황금색 왕궁 지붕이 독특하기만 하다. 1920년에 크메르 전통양식으로 지어진 박물관(외국인 입장료를 낸다)은 천장이 높아서 맞바람을 맞는 것처럼 시원했다. 안에 들어서자 제일 먼저 눈길을 끈 것은 기도의 자취로 유물 위에 놓인 꽃목걸이. 앙코르시대 전후로 나뉘어 마련된 유물과 발굴현장이 담긴 사진, 왕족의 유물들만 본 나는 박물관 끄트머리에 서서 설찬 느낌만 남긴 채 돌아섰다.

발길을 돌려 왕궁(The Royal Palace)으로 향한다. 왕궁으로 들어가는 매표소 앞에는 짧은 반바지를 입고 있던 남미계 젊은 여성이 긴 바지를 덧입고 있었다. 어른 한 명이 지나갈 수 있는 길목에서 바라본 금빛 타일로 꾸며진 왕궁(The Royal Palace)은 얄궂은 날씨에도 화려한 모습을 뽐내고 있었다. 왕이 국정 업무를 살폈던 곳은 천장이 높고 화려한 보석으로 꾸며져 있고, 바로 옆에는 서양식으로 꾸며진 왕궁(The Royal Palace)의 연회실인 데 비할 수 없이 아름다웠다. 이슬비를 맞으며 아리따운 연회실을 사진기에 담고 있는데 큰 목소리로 길잡이를 하는 중국인 길잡이와 왜자기는 중국인 단체관광객이 고즈넉한 분위기를 삽시간에 깼다.

프놈펜(Pnompenh) 시내지도를 들고 국립은행과 정부부처들, 대사관이 있는 구역을 지나 시민들의 휴식처인 '언덕 위의 사원'으로 불리는 '왓 프놈'까지 걷는다. 현지인들이 즐겨 찾는다는 담벼락이 없는 공원에는 큰 시계와 손님을 기다리는 코끼리 두 마리(나무에 묶여 있었다)가 눈에 들어왔다. 외국인만 입장료를 내야 하는 사원을 뒤로하고 공원 주변을 둘러보니 인기에 비해 쓰레기만 널려져 있고, 실바람을 따라 지린내도 풍긴다. 시외버스정류장 쪽으로 다시 돌아와 야외식당에서 코코넛과 볶음밥을 시키고는 맞은바라기에 있는 호텔을 바라보였다. 싱가포르인의 것이고, 동남아시아에서 체인호텔과 맥주 바를 둔 T호텔.

회색 중절모를 쓴 마른 체구의 서양인 할아버지 두 명과 짙은 화장 속에 뭇웃음을 지으며 한껏 교태를 부리는 캄보디아 젊은 여성들. 호텔 옆에는 꾸벅꾸벅 졸면서 손님을 기다리는 툭툭(Tuk-Tuk, 마차형 오토바이 운송수단). 한 커플은 툭툭을 타고 나갔다가 돌아왔다. 이번에는 낯빛이 어둡고 거칠하여 삶에 찌들어 보이는 한 여성이 바에서 나와 내가 있는 구멍가게에서 담배를 사고 돌아간다. 그녀의 뒷모습에서 쓸쓸함이 풍긴다. 민박집에 돌아오자마자 베트남 호이안(Hoi An)에서 산 아시아 여성의 성매매(인신매매) 내용을 담은 책을 읽기 시작했다. 그 책에 의하면, 캄보디아(Cambodia)에서 성매매(인신매매, 매춘)와 마약은 불법이지만, 정부의 뜻이 거의 없어서 법적 구속력이 많이 못 미치고 있단다.

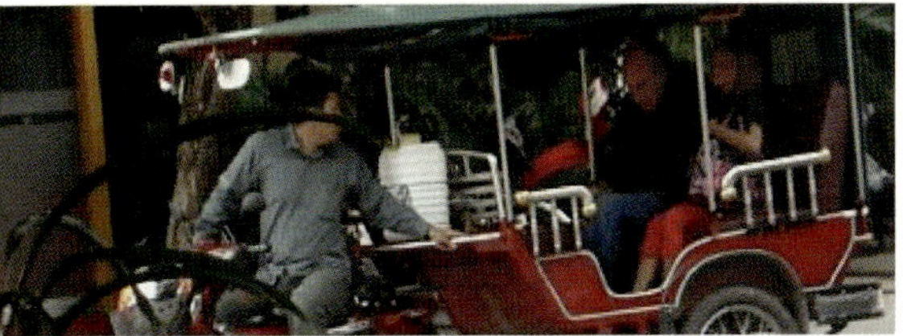

▶ 대낮에도 맥주 바와 게스트하우스에서 성 관광이 이루어지고 있다.

뜨겁게 내리쬐는 프놈펜(Pnompenh)의 태양 아래 걷는 것을 미루고 민박집(관광가이드북에 'N' 게스트하우스는 역사가 깊은 곳으로 소개)에서 한갓진 오후를 보냈다. 차끈한 느낌이 드는 장기투숙자의 모양새가 별쭝나다. 작고 마른 체구의 서양인 젊은 남성은 퀭한 눈으로 1층 로비를 헤매다가 현지인 여성이 머무는 방으로 쑤욱 들어갔다. 그는 다음 날도 그랬다. 저녁이 되자, 발에 깁스를 하고 절뚝거리며 들어오는 한 서양인 중년남성과 현지인 젊은 여성이 손에 익은 태도로 그를 부축하며 툭툭을 타고 어둠 속으로 사라졌다.

민박집을 옮기기로 다짐한 날, 떠날 채비를 마치고 2층에서 청소하는 캄보디아 여직원과 이야기를 조금 나누었다. 시골에서 태어난 그녀는 편찮으신 어머니 몫까지 일하며 월급을 고스란히 시골집으로 보낸다고 한다. 주인이 올라오는 발걸음소리에 그녀는 후다닥 다른 방으로 가서 청소를 했다. 그날 옮긴 민박집은 약간 너주레했지만, 내 마음만큼은 한결 가벼웠다.

　아침 햇볕이 따스하게 비추는데도 을씨년스럽고 싸늘한 찬기가 음산히 서려 있는 S-21박물관(The S-21 Museum). 현지어로는 뚜얼슬렝 박물관(The Tuol Sleng Museum)으로 불리며, 크메르 루지군(The Khmer Solider)들의 보안대 본부로 쓰였던 곳으로 학교건물이다. 높은 담벼락에는 녹슨 전기철조망이 덩굴져 있다. 입구에서 나눠주는 회색빛 알림장 속 한 여인의 눈빛이 오래도록 아릿댄다. 운동장에는 물고문했던 자리가 그대로 있고, 왼쪽의 흰색 건물 1층에는 고문당했던 사람들의 흑백사진과 고문도구가 고스란히 있다. 2층에는 한 사람이 겨우 누울 수 있는 감옥도 있고, 건물에서 뛰어내려 자살하거나 도망가지 못하도록 철조

▶ 교실은 감옥으로 변했고 무고한 시민들은 투옥 · 고문 · 학살당했다.

망이 둘러져 있다. 같은 건물 3층에는 범행을 저질렀던 크메르 루지군의 사진도 전시되어 있다.

하루에 두 곳을 모두 다녀올 계획이었으나, S-21박물관(The S-21 Museum)을 들르고는 아무것도 할 수 없을 만큼 우울하여 숙소에서 조용히 지냈다. 이튿날, 잔혹한 고문과 대량학살이 있었던 또 다른 곳으로 가는 작은 버스 안에서 나그네들은 서로 짧은 인사만 하고는 모두 말이 없었다. 우리가 들를 곳이 어디인지를 알고 있으며 킬링필드(The Killing Fields, 1975년부터 1979년까지 약 9,000명의 시민들을 대량학살한 곳)란 단어만 들어도 슬퍼지기에 아무리 성격 좋은 여행자라도 그 얼음을 깰 수는 없었다.

흙먼지를 날리며 달린 작은 버스는 흰색 담벼락이 보이는 문 앞에 섰다. 예의를 갖춰 신발을 벗고 올라간 위령탑(크메르 전통양식) 안에는 유골이 가득했다. 옆 빈터에 있는 흑백사진 속 외국인들을 보니 갑자기 월커덕거렸다. 그때 당시에 사람들을 가득 채운 트럭이 들어와서 사살했다는 자리도 있었고, 오솔길을 따라 들어가면 몇 군데의 웅덩이가 있는데 집단학살의 자리였다. 심지어 어린아이를 아름드리나무에다가 내치기도 했단다. 저수지를 한 바퀴 돌아서 나오는데, 철조망으로 둘린 낮은 담벼락 너머로 해맑은 웃음을 띠며 재잘거리는 어린이들의 밝은 목소리가 캄보디아(Cambodia)의 어둠을 단숨에 몰아내는 것 같아서 정말 반가웠다.

▶ Choeung Ek Genocidal Center 전경

▶ 크메르 루지군에 의해 대학살이 벌어졌던 킬링필드에 있는
위령탑

　프놈펜(Pnompenh)에서 며칠 푹 쉬고는 우리나라에서 들어온 아주 심하게 낡은 직행버스를 타고 세계적인 관광지로 손꼽히는 시엠레아프(Siem Reap)로 향했다. 버스가 출발하여 몇 시간도 안 되었는데 뒤변덕스러운 몬순기후답게 하늘이 갑자기 흐려지더니 이내 큰비가 쏟아졌다. 몇 분 흐르자 하늘이 말갛게 갠다. 그러나 이번에는 열심히 달리던 버스가 말썽을 일으켰다. 십 대로 보이는 운전보조기사가 뚝딱뚝딱하더니 제대로 굴러갔다. 수평선이 보일 정도로 바다가 되어 당장에라도 도로를 삼킬 것 같은 톤레사프 호수(The Tonle Sap Lake)를 지나 저녁 무렵에서야 시엠레아프(Siem Reap)에 닿았다.

　버스에서 내리자마자, 검지를 세워 1달러라고 외치며 연득없이 달려오는 오토바이 운전기사들. 시엠레아프의 구시가지에는 관광객을 위한 시설이 잘 갖추어진 곳으로 한국어로 된 간판도 많았다. 그러나 신시가지는 재래시장과 현지 식당이 많았고, 주로 현지인들이 머무르는 곳이었다. 신시가지에 있는 깔끔한 민박집에 들어갔더니 현관에 신발이 놓여 있어서 예의를 갖추어야 한다는 생각에 신발을 벗고 들어가자 주인아주머

니가 반갑게 맞이해 준다. 다음 날, 구시가지로 가서 장애인들이 직접 만든 물건을 파는 수공예품가게(비정부단체, NGO)에서 천연비누 3점을 사고는 어렵사리 찾은 캄보디아 대표 음식을 즐겼다. 정부로부터 음식개발상을 받은 것으로 캄보디아(Cambodia)에서 처음으로 배껏 먹을 수 있었다. 느지감치 점심을 즐긴 나는 흐뭇한 표정을 지으며 헌책방에서 크메르 루지군 내용을 다룬 책도 샀다.

다음 날 꼭두새벽, 두 명의 뉴질랜드(New Zealand) 여성들과 한 모둠이 되어 앙코르유적지(The Angkor Ruins)에 도착했다. 사업을 시작한 지 얼마 안 된 여행사 사장이 직접 길잡이를 해주었다. 민박집에 있던 앙코르유적지에 대한 책을 보았으나 캄보디아의 역사에 대한 지식이 거의 없었던 나는 읽을수록 헷갈리기만 했다. 아무리 길잡이의 안내를 받는다고 해도 앙코르유적지에 대한 사전지식이 부족했던 내 자신이 부끄러웠다. 매표소에는 이른 아침부터 관광객들로 북적거렸고, 밀려오는 수많은 관광객들을 잘 받아내기 위해 창구를 많이 열어두었다. 마치 국경에서 출입국 심사를 받는 느낌이라고나 할까. 입장료를 내고 창구 앞에서 컴퓨터로 증명사진을 찍었는데 입장권이 수험표처럼 나왔다.

앙코르와트(The Angkor Wat)의 길목에 닿자마자 큰 바위얼굴과 코브라상을 보고 흠칫 놀랐다. 원숭이들의 놀이터인 높이 솟은 큰 바위얼굴인 바욘(Bayon)을 가운데로 앙코르유적지(The Angkor Ruins) 나들이가 시작되었다. 길잡이에 따르면, 많은 사원들이 훼손되었고 앞으로도 계속 그럴 것이라고 한다. 곳곳에 천막과 철 구조로 지탱시키고 있었다. 힌두교와 불

교의 섞임이 잘 어우러져 있는 벽화와 몇 개 안 남은 조각상만을 보더라도 앙코르시대(The Angkor Period)를 가늠할 수 있었다. 실제 크기의 코끼리 테라스(The Terrace of the Elephants)를 한 번 쳐다보고는 질퍽거리는 흙길을 걸어 그때에 병원으로 쓰였다는 건물을 지나 '따 프롬(Ta Prohm)'에 들어갔다. 담벼락에 돋아난 짙푸른 녹색 이끼와 흰색에 가까운 나무가 세월의 흐름을 말하고 있다. 마치 뱀이 꽈리를 튼 것처럼 사원 담벼락을 뚫고 하늘을 닿을 듯 허리를 쭉 펴고 서 있는 모습에 입을 다물지 못했다.

왕의 목욕탕으로 쓰였던 큰 호수 '쓰라쓰랑(Srah Sraeng)'을 지나 세상없이 가장 아름다운 건축물 중 하나로 평가받고 '앙코르와트(The Angkor Wat)'로 들어갔다. 흐릿한 날씨가 앙코르와트의 담벼락이나 돌계단을

▶ 녹색 돌이끼와 흰색 나무뿌리

더욱 짙은 회색으로 만든다. 넓디넓은 사원의 정원에는 그 시대의 도서관이 고스란히 보존되어 있고, 여느 사원처럼 벽화와 높은 계단으로 이루어져 있다. 길잡이는 앙코르와트를 바탕으로 추억의 사진을 담기에 좋을 금싸라기 자리로 우리를 길잡이 했다. 그 자리에는 이미 수많은 어린이들이 엽서와 티셔츠, 목걸이 등을 들고 검지를 치켜세워 1달러를 외치고 있었다. 호수에 아른거리며 비치는 사원을 등에 지고 찍은 사진은 오래 간직하고 싶을 만큼 모든 것이 아름다웠다.

이제는 앙코르와트의 당일치기 나들이로는 마지막 사원이 남았다. 해거름을 한눈에 볼 수 있는 사원. 폭이 좁고 가파른 계단을 올라 꼭대기에 올랐다. 태양이 기울어지는 쪽에 호젓이 앉아 있는데, 단체나들이를 하는 중국인 중년들이 큰 목소리로 "짜요!"라고 외치고는 꼭대기까지 올라와서도 와자지껄 떠들어서 눈살을 찌푸렸다. 뉴질랜드 길벗들은 아직도 1시간이나 남았다면서 그만 내려가자 말하고, 길잡이도 들떼놓고 바라는 눈치였다. 단체나들이라서 내 것만 고집할 수 없는 일. 드넓은 앙코르유적지를 하루 만에 모두 둘러볼 수 없고, 몇 군데만 들렀는데도 몸이 느른해졌다.

▶ 해거름 사원으로 올라가는 계단은 가파르다.

여기서 잠깐!

'앙코르유적지(The Angkor Ruins)'는 '톤레사프 호수(The Tonle Sap Lake)'에서 '프놈 쿨렌(Phnom Kulen)'까지 이어진 300km²의 방대한 땅에 자리한 크메르 제국의 사원들을 말한다. 밀림 속에 파묻혔던 유적들이 1850년대 후반 처음 모습을 드러낸 뒤 1992년 유네스코(UNESCO) 세계문화유산으로 지정되었다.

유적지로 가는 대중교통이 따로 없기 때문에 여행사에 신청하거나 모또(오토바이 택시) 혹은 뚝뚝(마차형 오토바이 택시)을 전세 내서 다니는 것이 가장 일반적인 방법이다. 글쓴이가 여행했을 당시에 입장료는 1일은 20달러, 3일은 40달러, 7일은 60달러였다.

태국 Thailand

국가기초정보

공식명칭 : 타이왕국(The Kingdom of Thailand)

위치 : 인도차이나 반도 중앙부

면적 : 514,000㎢(한반도의 2.3배)

인구 : 약 6,300만 명(2008년 기준)

수도 : 방콕(Banngkok)

정체 : 입헌군주제, 양원제(국왕과 총리)

언어 : 태국어

인종 : 타이계 85%, 중국계 12%, 말레이계 2%, 기타

종교 : 불교 94.6%, 이슬람교 4.6%, 기독교 0.6%, 기타

날씨 : 고온다습한 아열대 몬순 기후, 평균기온 28도, 연평균습도 79%

비자 : 비자 없이 90일 체류 가능하다.

시차 : 한국보다 2시간 늦다.

통화 : 바트(Baht)

체험물가 : 생수(1L) 13Bhat

    * 2009년도에 저자가 여행했던 당시의 체험물가이다.

음식 : 꾸어이띠아우(Kuay Tiaw), 카오팟(Khao Phat), 팟타이(Phat Thai), 톰
얌(Tom Yam) 등

국기 : 빨간색은 국민을, 하얀색은 건국 전설과 관련 있는 흰 코끼
리(불교)를, 파란색은 국왕을 뜻한다.

● 자료 출처 : 주태국대한민국대사관 www.tha.mofat.go.kr

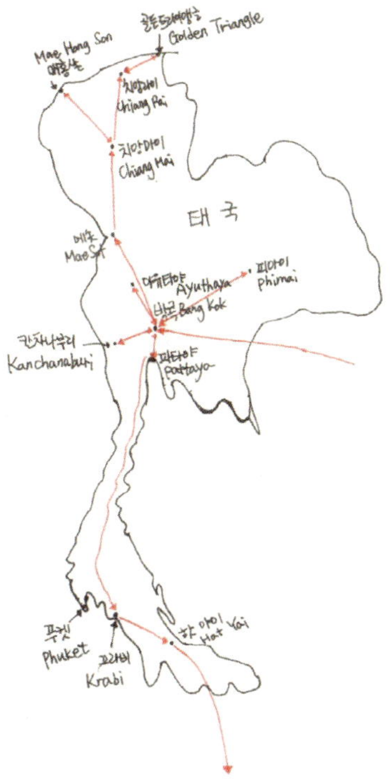

1. 캄보디아 시엠레아프Siem Reap ⟶ 태국 방콕Bangkok ⟶ 끄라비 해변 Krabi Beach ⟶ 말레이시아 쿠알라룸푸르Kuala Lumpur

2. 말레이시아 페낭Penang ⟶ 태국 파타야 해변Pattaya Beach ⟶ 아유타 야Ayuttayu ⟶ 깐짜나부리Kanchanaburi ⟶ 상클라부리Sangkhlaburi ⟶ 피마 이Phimai ⟶ 매숏Mae Sot ⟶ 치앙마이Chiang Mai ⟶ 치앙라이Chiang Rai ⟶ 매홍손Mae Hong Son ⟶ 매사이Mae Sai ⟶ 치앙샌Chiang Saen ⟶ 치앙콩 Chiang Khong ⟶ 라오스 훼이싸이Houei Xai

 따사로운 아침 햇살에 더욱 도두보이는 작은 카페, 빵가게, 거리의 작은 탁자, 운동하는 사람들의 모습이 카오산(Kaosan)의 훗훗한 아침풍경이다. 아침 일찍, 운동복을 입고 좁은 골목길을 빠져나와 악어가 사는 굴다리 옆 작은 공원에서 뻣뻣하게 굳은 몸을 풀어봤다. 넘실거리는 흙빛 차오프라야 강(The Chaophraya River)을 따라 산책길을 걸어보고, 마주치는 지역주민의 환하고 여유로운 낯빛에 나까지 기분이 좋아졌다. 무엇보다도 운동을 끝내고 작은 카페에서 마시는 아침 커피의 맛을 잊을 수 없다. 관광시설을 잘 갖춘 카오 산은 배낭여행자들의 중심지이고, 겨울에는 추운 나라 특히 러시아, 일본, 우리나라에서 온 관광객들로 붐빈다.

 이튿날 아침, 내 책임여행원칙(The Principles of Responsible Travel)에 따라 국립박물관(The National Museum)부터 들러보았다. 박물관의 크기는 작았지만, 태국(Thailand)의 역사를 한눈에 알아보기 쉽도록 짜임새 있었다. 그중에서도 버마(Burma)와의 오랜 전쟁뿐만 아니라 현대사를 이끈 왕들의 업적이 눈길을 끌었다. 아침부터 많이 걸었더니 허기도 빨리 느껴진다. 학생식당에서 국수를 먹는 재미가 있다는 태국의 명문대학교로 손꼽히는 탐마삿대학교(Thammasat University)로 들어갔다. 그날은 일요일이라서 무척 한가했고, 학생들

▶ 탐마삿대학교에서 즐겼던 쌀국수

몇 명만 있었다. 알림판에는 영어(토플) 정보가 빼곡하게 적혀 있는 쪽지가 바람에 나풀거리고, 부정행위금지 알림을 보면서 이곳도 우리네처럼 공부와 취업에 열띤 분위기임을 느꼈다. 국수 위에 닭 다리를 올려주는 태국식 쌀국수인 꾸어이띠아우(Kuay Tiaw)를 후루룩 먹고는 커피를 들고 다시 거리를 걷는다.

다음 날 오후, 큰 와불상이 있고 아유타야시대에 지어져 방콕(Bangkok)에서 가장 오래된 사원인 '왓포(The Wat Pho)'를 지나 화려한 왕궁(The Grand Palace)과 에메랄드 사원(The Wat of Phra Keo)에 이르렀다. 담벼락 위로 왕궁(The Royal Palace) 지붕이 보이는 길목에서 잠시 숨을 돌리고는 입장권을 사는데 직원이 내 어깨를 덮을 수 있는 긴 옷을 입어야 한다기에 뜨거운 태양 아래 들고 있던 봄가을용 겉옷을 입어야만 했다. 왕궁(The Grand Palace)에 들어갈 때는 반바지와 짧은 소매는 금지되어 있으나 긴 옷을 빌려주는 곳이 있다. 왕궁의 입장료는 비만멕 궁전(The Vimanmek Palace)의 것도 포함된다.

▶ 화려한 왕궁에 들어갈 때는 예의를 갖추어야 한다.

다음 날은 민주기념탑(The Democracy Monument)을 지나 왕의 대저택인 비만멕 궁전(The Vimanmek Palace)으로 갔다. 아름다운 대저택의 안내를 딱딱하고 재미없는 군인보다는 아름다운 대저택답게 부드러운 첫인상을 풍겼으면 세상없이 좋았을 텐데. 왕의 대저택에서 돌아오는 길에 큰 사원을 지날 무렵, 태국(Thailand) 왕과 왕비가 그 사원에 들른다고 2시간이나 도로를 막고, 군악대가 밀랍인형처럼 미리 줄 서 있었다.

계속 서서 기다리다가 졸음을 못 이기고 꾸벅꾸벅 조는 군악대원, 시민들이 지나가면 기다리라면서 막는 경찰들, 태국(Thailand) 전통의상을 입은 은빛 머리의 수행원들, 왕과 왕비가 타지 않는 것과 타는 전용차를 따로 두고 있었다. 나를 보고 사진 찍으면 안 된다고 매섭게 손사래 치는 고위급 경찰에 내 표정이 잠깐 이지러졌다. 드디어 전통의상을 입은 왕과 왕비가 모습을 드러냈다. 그들의 행차를 멀리서 아득하게나마 지켜보며 정통성이 이어지는 태국이 부럽기도 했다.

넘실거리는 차오프라야 강(The Chaophraya River)을 건너는 배에 올랐다. 금방이라도 큰비가 쏟아질 듯 잔뜩 궂은 하늘. 옥수수 모양의 '아룬 사원(The Arun Wat)'에 올라가면 차오프라야 강(The Chaophraya River) 너머 방콕(Bangkok)이 보인다. 오전 내내 칙칙한 하늘 아래 나들이했다면, 오후에는 따뜻한 햇볕을 받으며 여유롭게 보냈다. 내가 즐겨 찾는 공원에서 출렁거리는 강을 등지고 앉아 책을 읽다가 작은 쓰나미가 밀려와서 과자와 옷이 젖고 말았다. 내 옆에 있다가 가까스로 잘 피한 태국 어린이는 서슴없이 내게로 다가오더니 걱정스러운 눈빛으로 나를 쳐다본다. 저녁이 되자, 공원에는 에어로빅하는 아주머니들과 산책을 즐기는 사람들, 잔디 위에서 짬을 즐기는 배낭여행자들 등 사람 냄새를 물씬 풍기는 이곳이 푼더분해진다.

▶ 차오프라야 강을 건너는 택시배

▶ 왓 아룬을 오르는 계단은 가파르다.

여기서 잠깐!

개 조심하세요!

동남아시아에는 떠돌이 개가 많고, 주인이 있는 개라도 광견병을 의심해야 하므로 귀엽다고 쓰다듬거나 가까이 가지 않는 것이 좋다. 한 독일인 배낭여행자는 '시암광장(The Siam Square)'을 거닐다가 주인 있는 개에게 물렸고, 병원에서 몇 차례 치료(감염주사)를 받아야만 했다.

태국(Thailand) 하면 해변을 빼놓을 수 없다. 푸껫(Phuket)과 코피피(Ko Phi Phi)는 사람구경 할 것 같아서 카오 산(Kaosan)에서 묵새기고는 한적한 해변을 찾아 떠났다. 몇 군데 여행사에 들러 가격을 견주어보고는 저녁 느지감치 끄라비(Krabi)행 이층 버스에 올랐다. 맨 앞자리에 앉은 나는 쿠바(Cuba)에 살고 있다는 프랑스인 남자와 길벗이 되었다. 다음 날 새벽 4시 30분, 시골버스정류장에 닿아서는 옴팡지게 안내도 없이 모든 손님을 내리라고 해서 나는 눈을 쌍그렇게 뜨고 버스정류장만을 쳐다보았다. 다른 배낭여행자들은 부랴부랴 내려 긴 나무자리에 앉아서 이내 남은 졸음을 쫓았다. 푸껫 해변(Phuket Beach)으로 가는 손님들만 다른 버스로 갈아타야 하는 것이다.

2시간 달려서 끄라비(Krabi) 중심가를 지나 코피피 해변(Ko Phi Phi Beach)으로 들어가는 나루터에 내렸다. 간밤에 버스에서 노루잠을 잔 여행자들은 푸른 바다를 보며 왜자기기 시작했다. 끄라비 읍내에서 바다와 어울리고 아기자기한 것들로 채워진 민박집이 눈에 들어온다. 방콕(Bangkok)의 한 대학교에서 사진학을 공부하고 고향으로 돌아와서 민박집을 차렸다는 중성적 이미지의 젊은 여성이 주인이다.

다음 날 아침, 끄라비 해변(Krabi Beach)으로 가는 길을 쪽지에 적어주며 잘 다녀오라고 인사를 하는 직원의 순된 마음에 기분이 좋았다. 30분 동안 썽떼우(트럭을 개조한 미니버스)를 타고 무슬림인들이 많이 사는

지역을 벗어나자 파란 바다가 보였다. 가는 길에 쓰나미 위령비(The Tsunami Monument)에 들르고, 나무 사이로 아득아득하게 보이는 파란 물결과 파도소리가 들리는 그곳으로 한걸음에 달려갔다. 바닷가에는 가족이나 친구들과 나들이 나온 현지인들과 셀 수 있을 만큼의 외국인 여행자들이 전부. 조용한 바다를 한참 동안 바라보며 작은 게들이 지나가지 않은 한적한 모래사장에 보라색 살롱(Salong)으로 자리를 잡았다. 모래사장에는 엄지손톱 쉼직한 바닷게들이 구멍을 뚫고 들어가더니 동글동글한 모양을 밖으로 내보내는데 양증맞았다. 갑자기 먹구름이 몰려오더니 소낙비가 한차례 시원스레 내린다.

▶ 2006년도에 동남아시아를 강타한 쓰나미에 희생된 자를 기리는 위령비

어슬녁해질 무렵, 썰물이 되자 갯벌에는 오붓하게 걷는 커플들, 해름이 멋들어지게 깔린 바다를 사진기에 담는 사람들, 나들이 나왔다가 돌아가는 사람들. 한 장의 흑백사진. 야시장의 거리음식을 즐기며 작은 읍내를 거닐었다. 젊은이들이 즐기는 작은 오토바이(스쿠터)가게에는 우리네 가수들의 사진이, 음반가게에는 우리네 영화가, 패스트푸드점에서는 우리네 가요방송이 나를 더 가까이 끌어들였다. 이곳에도 한류열풍이 강하게 휘불고 있음을 새삼 느낀다. 낮선 이에게도 나긋한 태국(Thailand)을 떠나는 아쉬움과 내게는 미지의 세계인 말레이시아(Malaysia)로 가는 설렘이 엉겼다. 엇서는 두 마음을 갖고 말레이시아 쿠알라룸푸르(Kuala Lumpur)행 버스에 오른다.

▶ 호젓한 혼자만의 여행과 가족여행으로 좋은 끄라비 해변

　　동티모르(East Timor)까지 여행을 끝내고 다시 올라오는 길. 말레이시아(Malaysia) 버터워스(Butterworth)에서 태국(Thailand) 방콕(Bangkok)행 침대기차에 몸을 실었다. 1996년에 우리나라 D회사에서 만든 국제열차에는 단잠을 잘 수 있도록 침대칸마다 세련된 파란 커튼이 있다. 두 나라 사이의 국경에서 경찰 두 명이 스윽 지나가며 기차 안을 보는 게 전부였고, 손님들은 모두 내려 까다롭지 않은 심사를 받고 나서 기차에 다시 올랐다. 기차는 밤새도록 달려 다음 날 오전, 방콕(Bangkok)으로 들어가서 다시 시내버스를 타고 파타야(Pattaya)행 직행버스가 있는 시외버스정류장으로 갔다. 친절한 버스보조기사와 현지인들이 일일이 친절하게 알려주었기에 파타야행 버스를 아무 탈 없이 탈 수 있었다. 버스는 어둠이 짙게 깔릴 때쯤 파타야 중심가에 다다랐다.

▶ 옛 대우 로고가 찍힌 국제침대열차는 동남아시아 삼국을 이어준다.

6·25전쟁 때 일본(Japan) 도쿄(Tokyo)와 오키나와(Okinawa)가, 베트남전쟁 때는 태국(Thailand) 파타야(Pattaya)가 미군의 휴양지로 알려졌다. 그후, 매춘해변으로 되어버린 파타야 해변(Pattaya Beach)에는 관광객을 위한 호텔과 레스토랑, 술집, 마사지숍, 노래방이 즐비했다. 물론 주택가도 있다. 레스토랑이나 카페에는 주로 서양인 중년들이 많고, 그들 옆에는 현지인 젊은 여성들이 뭇웃음을 짓고 있었다. 마사지숍 골목으로 들어가니 작은 자리에 걸터앉아 손님을 기다리는 젊은 여성들과 우악살스러운 인상을 풍기는 여인을 가운데로 빙 둘러앉아 카드놀이를 하는 이들도 있었다. 썽떼우(트럭을 개조한 작은 버스)를 타고 간 다른 해안가 마을에는 러시아어와 인도어로 쓰인 보람판이 많았고, 썽떼우에서나 길에서는 러시아어가 제법 많이 들려 마치 러시아(Russia)에 있는 듯했다.

▶ 파타야 해변 밤 문화 – 호객행위

▶ 파타야 해변 밤 문화 – 레스토랑

　파타야(Pattaya)의 밤 문화를 둘러본 다음 날 꼭두새벽에 첫차를 타고 방콕(Bangkok)으로 갔다. 방콕(Bangkok)에서는 메트로(MRT)로 갈아타고 후알람퐁 기차역(Hualamphong Railway Station)으로 다다랐다. 아유타야(Ayutthaya) 행 기차는 서민들의 발이라서 그런지 역마다 손님을 태웠고, 천장에 매달려 있는 선풍기는 찌삶는 날씨와는 맞지 않게 실미지근하게 움직였다. 찜통 날씨에 3명씩 앉아야 하고, 탑탑한 기차 안에서 안내방송이 잘 들리지 않아 설핏설핏 잤더니 몸이 아릿거렸다. 민박집을 찾는 것이 가장 큰일이었는데 관광지답게 기차역에도 시내지도가 있는지라 민박집을 수월하게 찾을 수 있었다. 지칠 대로 지친 나는 배낭을 내려놓자마자 푹신한 침대에 허리를 쭉 펴고 잠깐 누웠다가 까무룩 단잠에 들었다.

　다음 날 점심 무렵, 길가에 있는 식당에서 요기를 하고는 유적지로 갔다. 큰 관광버스가 있는 곳으로 갔더니 책에서만 보던 유적지가 다함없이 아름다움을 뽐내고 있다. 뉘엿뉘엿 넘어가는 태양을 등지고 서 있는 하얀 종탑은 순수함 그 자체였다. 외국인차별입장료가 있는 유적지를 빠져나와 잔디가 깔린 공원을 거닐었다. 붉게 물든 해름을 찍는 사진사들, 건강을 위해 뜀박질하는 시민들, 데이트를 즐기는 연인들, 나들이하는 젊은 가족들이 많았다. 그곳 역시 유적지다. 어느덧 밤하늘에는 별이 송송히 빛나고, 유적지에는 알록달록한 빛이 가득했다. 이렇게 고즈넉한 분위기에 취한 나를 훼방 놓는 것은 오로지 떠돌이 개들뿐. 길목에 서 왈왈 짖어대는 개, 어둠에서 툭 튀어나와서 사납게 짖어대는 개, 떼 지어 다니는 떠돌이 개들까지 가세한다. '개 조심과 광견병'을 마음속에 아로새기며 지나가는 썽떼우에 올라타고는 먹을거리가 많은 차오프롬 시장(Chao Phrom Market) 속으로 들어갔다.

　아유타야(Ayutthaya)에서 카오산(Kaosan)으로 돌아와서 큰 배낭만 민박 집에 맡기고는 피마이(Phimai)행 밤 버스에 올랐다. 피마이(Phimai)를 잘 몰랐던 나는 제복을 입은 버스길잡이에게 내가 갈 곳을 말해두고는 앞자리에 앉아서 꽹이잠을 잤다. 얼마쯤 지났을까! 그녀가 나를 깨우는 것 같아서 벌떡 일어나 부랴부랴 인사만 하고는 어두컴컴한 시골 버스정류장에 내렸다. 새벽 4시였다. 피마이(Phimai)에서 밝게 비치는 곳이라고는 버스정류장뿐. 잠에서 덜 깨고, 찌뿌드드한 몸을 이끌고 정류장 플라스틱 의자에 앉아 한숨 돌렸다. 갑자기 하염없이 서글픔이 밀려온다.

　버스정류장 뒤에서 들려오는 인기척을 따라간 곳은 바로 새벽시장. 이것저것 물건도 보고, 설탕을 넣지 않은 아침 커피를 마시며 아침이 오기만을 기다리다가 아침운동을 즐기는 지역주민의 도움을 받아 피마이와트(The Phimai Wat)에 잘 도착했다. 캄보디아(Cambodia)의 '앙코르 와트'보다 먼저 지어졌다는 '피마이와트(The Phimai Wat)'는 '유네스코(UNESCO) 세계문화유산'에 등록되어 있다. 키 작은 나무로 둘러싸여 있는 크메르인들의 피마이와트는 무너진 곳도 많았으나 예스러움은 그대로였다. 사원 옆에는 뿌리가 마당을 뚫고 나온 아름드리나무들이 한 권의 역사책처럼 너볏하게 서 있다.

▶ 피마이 유적지에는 세월을 말해주는 아름드리나무가 많다.

  땅을 뚫을 만큼이나 억수같이 쏟아지는 소낙비를 물끄러미 바라보며 '쾨이 강의 다리(The Bridge of Kwai)'와 '죽음의 철도(The Rail of Hell 혹은 Death Railway)'로 알려진 깐짜나부리(Kanchanaburi)로 떠날 채비를 했다. 잠시 후 언제 소낙비가 내렸냐는 듯이 다시 강렬한 태양이 반짝거리며 내리쬐었다. 어느새 버스도 깐짜나부리(Kanchanaburi)에 닿았고, 민박집에서 짐을 풀고는 바로 '제스전쟁박물관(The Jeath War Museum)'부터 들렀다. 서양인 관광객들이 여럿이 있고, 그들은 연합군 포로들의 빛바랜 신문스크랩과 사진 앞에 한참을 서 있었다. 나는 연합군 포로와 아울러 승자도 없는

▶ 호주인이 많이 찾는 제스전쟁박물관

그 전쟁에서 징병제로 끌려가 황토색 일본 제국주의 군복을 입어야만 했고, 전쟁피해자인데 가해자가 된 우리의 징병군인들을 생각했다.

중국계 태국인들의 공동묘지 옆에는 제2차 세계대전 때 참전하여 포로가 되었던 연합군 공동묘지(The Cemetery of United)가 있다. 길목에서 부터 마음이 착잡해지고, 단체 나들이를 왔던 일본인들을 보니 더욱 알 수 없는 마음 깊은 곳으로 빠져든다. 사각형의 작은 비석에 아로 새겨진 연합군 군인들의 이름과 나이, 국적을 보면서 눈시울이 붉어 졌다. 사명감으로 20대 중후반에 생을 다했던 그들과 사뭇 다른 20대 를 보냈던 나의 삶이 엇비끼다니 갑자기 느껍기만 하다. 나는 그들의 영혼까지도 무참히 짓밟았던 두 곳을 들렀다. 흙빛 강물이 흐르는 콰 이 강(The Kwai River)을 잇는 짙은 잿빛의 콰이 강의 다리와 죽음의 철 도. 아픔과 슬픔이 서린 이곳에서 우리는 그들의 영혼을 실은 노란색 기차가 들어올 때 환호를 지르면서 사진기에 담느라고 부산스러웠다. 그렇게 나는 다른 세상에 서 있다.

▶ 연합군 공동묘지와 콰이 강의 다리

▶ '죽음의 철도'는 군수물품기차에서 관광기차가 되다.

  ‘죽음의 철도’로 가는 기차를 타기 위해 새벽녘에 기차역으로 갔다. 새벽에 가면 잘 안 보인다는 역무원의 귀띔에 다음 기차를 탔다. 플랫폼에는 배움 나들이(소풍)를 떠나는 파란색 단체복을 입은 학생들이 왁자지껄 떠들고 있었다. 달리는 기차 안에서 노란색 나무자리에 앉아 창밖을 내다보며 나만의 분위기에 젖어보는데 자꾸만 눈길이 머무르는 곳이 있었다. 바로 내 앞에 앉은 한 서양인 남자와 앳돼 보이고 가무숙숙한 피부의 현지인 젊은 여자 쪽이었다. 박속 같은 하얀 치아를 드러내며 웃는 그녀는 예뻤다. 국제관광의 어두운 면을 생각하고 있을 때, 오른쪽에 앉아 있던 손님들이 우르르 일어나서 왼쪽 창밖을 넘성거리며 열심히 사진기를 눌러댔다. 감탄이 절로 나올 정도로 아름다운 풍경에 흠뻑 빠진 우리는 순수하고 호기심 많은 어린이처럼 신 났다.

  드디어 밀림 속 죽음의 철도에 다다랐다. 높다란 담벼락이 있는 길목에는 군인이 지키고 있었다. 죽음의 철도를 걷기에 앞서 철도를 만든 그때의 모습과 유품들이 마련되어 있는 박물관(The Railway Museum)부터 들렀다. 손님들의 눈길을 끈 것은 일본정부가 연합군 포로에게 급여를 주었다는 글과 지폐였다. 박물관에서 나온 나는 두근거리는 가슴을 쓸어내리고는 죽음의 철도를 걸어보는 길로 내려갔다. 밀림 속 철도 위에는 자갈과 흙이 수북하게 쌓여 있고, 삐죽 튀어나온 나무판만이 철도였음을 말해준다. 큰 바위를 깨부수기에는 씨식잖은 도구들이 녹슨 채 바위에 매달려 있다. 늦은 오후에 들렀기에 많이 걷지는 못했지만 앙상한 철도에 소슬히 서서 수많은 희생자를 낳은 아픔의 역사를 기억하며 앞으로 헛되게 살지 않을 내 인생도 그려본다.

▶ 미개한 연장 사진과 기념박물관 입구

외국인에게 버마(Burma)로 들어갈 수 있는 국경은 없으나 국경마을
만은 들어갈 수 있다. 곧 떠날 것 같은 직행버스에 올랐다. 옆에 앉은
너볏한 분위기의 태국인 중년남성에게 바나나를 건넸더니 웃으면서
사양한다. 버스는 2시간여 달려 '사이욕 노이 폭포(The Sai Yok Noi
Waterfalls)' 앞의 휴게소에서 잠시 쉬었다가 다시 달렸다. 검문소 한 개
를 지났고, 그 신사는 휴게소에서 샀던 지역특산품 과자와 버스에서
보탬으로 주는 물을 내게 주고는 내렸다. 나를 돌아보는 그에게 태국
식으로 두 손을 모아 고마움을 전하고는 낯선 나그네에게도 나눠주
는 훗훗함에 빠져본다.

그러나 그것도 잠시. 시민들의 마음은 넉넉한데, 태국정부는 그렇
지 않은가 보다. 짙은 파란색 제복을 입고 총을 든 경찰 두 명이 버스
에 올라타자 모든 손님이 신분증을 꺼낸다. 무섭고 찬 기운이 맴돈다.
내 여권을 보더니 외국인임을 알고는 그냥 지나갔지만, 내 뒷자리에
앉은 버마 국적의 젊은이에게는 얄미울 정도로 잔다란 것까지 까슬
까슬하게 살폈다. 그의 검열이 끝나자, 이번에는 뒷자리에 있던 두 명
의 중년남성이 등 떠밀려 버스에서 내린다. 검문소로 들어가는 그들
의 퇴연한 뒷모습을 바라보는데, 버스는 그들을 기다리지 않고 그대
로 달렸다. 이내 국경마을에 다다를 때가 되었는지 굽이굽이 고갯길
과 밭을 일구기 위해 시커멓게 산을 태운 자취가 보인다. 조금 전, 검
열을 심하게 받은 그 젊은이가 이번에는 차멀미 때문에 고생이었다.

▶ 태국과 버마의 우정을 위해 세운 '우정의 탑'

마침내 국경마을에 닿았다. 버마(Burma) 쪽에 있는 높은 산에서 반짝반짝 빛나는 금빛 불교사원이 눈길을 끈다. 시멘트로 잘 깔린 태국(Thailand)의 도로 끝에는 보석가게들이 오긋하게 있고, 그 한가운데에는 태국과 버마 사이에 우정의 뜻으로 세워진 세 개의 돌탑, '우정의 탑(The Three Towers)'이 우두커니 서 있었다. 이곳의 느슨한 국경이 궁금하여 점심도 거른 채 바삐 걸어 다녔다. 둥근 모양의 보석가게에도 수월스레 드나들 수 있고, 태국 군부대 옆 철조망은 허리까지 오고, 느슨하며 지나다닌 흔적이 많았다.

철조망 너머로 버마 깃발이 휘날리는 건물과 잔디가 잘 깔린 약간 둔덕진 들판에는 고위급 공직자가 골프를 치고 있다. 다른 국경에는 나무판자가 올올이 엮어 있고, 자물쇠로 잠겨 있다. 군데군데 쉽게 드나들 수 있는 길도 많았다. 외국인인 나도 그들처럼 한 그루의 나무와 물도 없이 다릿널만 있는 도랑을 건너 버마 마을로 들어갔다. 길목에는 남자들이 웃통을 벗고 수다를 즐기거나 당구를 치고 있다. 오토바이를 타라는 조끼 입은 운전기사의 친절함을 뒤로하고, 붉은 흙길을 터벅터벅 걷는다. 후텁지근한 날씨에 퍼석퍼석 흙이 날리는 흙길을 몇 발자국 안 걸었는데도 금세 녹색운동화는 붉은색이 되었다. 불교사원과 금빛 종탑, 어린 부처상, 일렬로 줄 서 있는 금빛 부처상 등. 불심을 강조한 것이 버마 국경마을이다.

▶ 느슨한 국경을 자유롭게 오가는 버마 사람들

버마로 돌아갈 수 없는 버마사람들, 메솟(Mae Sot)

방콕 북부시외버스정류장에서 메솟(Mae Sot)행 버스를 기다리며 우리나라에서 그룹활동 하는 태국인 가수가 나오는 광고를 보는데, 저녁 6시가 되자 태국(Thailand) 국가가 흘러나온다. 모든 시민들은 하던 일을 멈추고 일어나서 가슴에 손을 대고 국가를 부른다. 외국인도 예외는 아닌지라 나도 일어났다. 초등학교 시절이 생각난다. 네모난 책가방을 둘러메고 집으로 돌아가는 길에 운동장을 빠져나갈 때쯤 애국가가 울려 퍼지고 학교 건물 가운데에 펄럭거리는 태극기를 보며 애국가를 부르던 시절. 마침내 메솟행 밤 버스(2층으로 된 버스)에 올랐다. 손님이 많지 않은 1층에 앉아 버스가 움직이는 동시에 눈을 감았다. 그러나 잠들만 하면 검문소가 나오고 자다 깨기를 여러 번. 이렇게 설핏설핏하게 잤던 나는 서서히 까슬까슬해진다. 어슴푸레한 새벽, 새로 지은 메솟 버스정류장에는 아침 공기가 매우 차고 쌀쌀하다.

다음 날, 태국식 뷔페음식점에서 밥에 계란프라이와 채소볶음을 얹어 아침식사를 즐기려는데 맞은바라기에 두 명의 서양인 중년남성과 짧은 단발머리의 버마 카렌족 여자 어린이가 있다. 한 남자가 내 눈치를 살피더니 빙충맞게 이쑤시개로 그 여자 어린이의 혀를 보는 척하고, 그 어린이에게 몇 푼 안 되는 지폐(태국의 지폐 색깔만으로도 확인 가능함)를 손에 쥐어준다. 이럴 때 나그네인 내가 할 수 있는 것은 무엇일까를 골똘히 생각하며 커피숍으로 향했다. 커피숍 사장은 인생의 벗과 함께 위험에 드러나기 쉬운 카렌족 어린이를 지키기 위해 양육

시설을 만들었단다. 아울러 커피숍은 카렌족 젊은이들의 일자리 창출 사업이자 카렌족 난민과 관련된 일을 하는 국제NGO활동가들의 쉼터로 쓰이고 있다. 그녀에 의하면, 서양인 페도필리아(Pedophilia, 아동 성애 호가)들이 이곳 메솟(Mae Sot)을 아동 매매와 성매매를 하기 쉬운 기회의 땅으로 여겨 카렌족 여자어린이들이 매우 위험하다고 한다.

그날 점심 무렵, 구름 한 점 없는 파란 하늘과 한없이 평화롭게만 느껴지는 시골 풍경 속의 52번 국도를 따라 '멜라 난민촌(Mae La Refugee Camp)'으로 들어갔다. 메솟 시내에서 썽떼우(트럭을 개조한 작은 버스)를 타고 1시간 떨어진 곳에 짙은 잿빛의 나뭇잎으로 얼기설기하게 엮은 지붕들이 눈에 들어온다. 마을 길목에서 한국인 여성을 만났다. 그러나

▶ 멜라 난민촌으로 가는 52번 국도는 평화롭기만 하다.

기쁨도 잠시, 그녀는 우리나라에서도 이교도로 알려진 종교를 퍼뜨리고자 메솟(Mae Sot)에 머문단다. 마을로 들어가는 흙길의 저잣거리에는 길을 따라 구멍가게들이 늘어져 있다. 아이들의 지지재재거리는 소리가 들리는 곳으로 더 들어가니 동네 아이들이 갓난쟁이 동생을 흙바닥에 그냥 앉혀 두고는 천진난만하게 구슬치기를 하고 있다.

우리나라 배우들 사진이 붙어 있는 집과 가게들도 보이고, 식당에는 사극을 보고 있다. 우리의 한류가 그들의 고단한 삶을 조금이라도 덜어주었으면……. 마을 곳곳에는 국제기구(International Organizations)에서 만들어준 공동우물과 무슬림 사원 가까이에는 태국 정부에서 바라지하는 학교, 일본(Japan)의 비정부단체(NGO)에서 보탬해 준 아동데이케어센터도 있다. 마을의 또 다른 길목에는 한 남자가 긴 나무를 들고

지키고 있었다. 멜라 난민촌에 살던 카렌족 수상이 미얀마독재정부에서 태국국경에 몰래 보낸 사복경찰에게 피살당한 후 더욱 치밀하게 지킨다고 한다. 카렌족이 하루라도 빨리 자유를 찾아 자기네 삶의 터전에서 발편잠을 자며 평안하게 지냈으면 좋겠다.

▶ 멜라 난민촌. 우리의 한류가 조금이나마 그들의 녹녹한 삶을 덜어주었으면……

▶ 태국정부의 지원으로 진행되고 있는 학교

잔잔한 호수와 산골 마을, 매홍손(Mae Hong Son)

메숫(Mae Sot)에서 아침 일찍 움직였던 시외버스는 오후 늦게야 치앙마이(Chiang Mai)에 닿았다. 치앙마이(Chiang Mai)는 북부의 중심지답게 사람과 차량들로 북적거렸다. 나는 일단 손님이 많이 타서 곧 출발할 썽떼우(트럭을 개조한 작은 버스)에 올랐다. 치앙마이(Chiang Mai)는 호텔과 민박집, 음식점, 커피숍, 빵가게, 여행사, 헌책방 등 유럽의 관광지처럼 우아한 분위기를 풍겼다. 북부여행지의 중심지답게 관광시설도 잘 갖추어져 있어서 편했으나 불교사원을 빼고는 치앙마이(Chiang Mai)만의 전통을 느낄 수 없었다.

지역주민을 위한 관광이 아니라 여행자들의 욕구에만 맞춰진 여행사들의 똑같은 관광상품(목이 긴 카렌족과 코끼리 밀림트래킹, 골든트라이앵글 등)을 보고 있으려니 치앙마이가 금방 지겨워졌다. 수를 셀 수 없을 정도로 수많은 호텔과 민박집이 있는 곳에는 섹스 바도 옹기종기 모여 있고, 긴 생머리의 현지인 젊은 여성들(때로는 인근 국가에서 구구한 이유로 오게 된 여성도 있음)이 긴 자리에 앉아 손님을 기다리고 있다.

▶ 치앙마이의 낮과 밤은 사뭇 다르다.

다음 날, 시끄러운 치앙마이보다는 태국 북부지방의 자연을 호젓하게 즐길 수 있는 '안개의 마을', 매홍손(Mae Hong Son)으로 떠났다. 산골로 들어가는지라 도로는 굽이굽이 굽잇길이었고, 탈것에 익숙하지 않은 사람이라면 차멀미하기에 십상이었다. 그다지 어렵지 않은 트래킹을 위한 길에 아름다운 자연을 즐길 수 있고, 아기자기한 커피숍과 민박집이 많아서 특히 여자 여행자들에게 인기가 많은 빠이(Pai) 마을을 지나자 검문소가 나왔다. 매홍손(Mae Hong Son)이 버마와의 국경마을이라서 검문은 몇 차례 더 받아야만 했다.

아침 일찍 출발한 작은 버스는 저녁 무렵에 매홍손 중심가에 도착했다. 우선 민박집을 찾아 '쫑깜 호수(The Jongkham Lake)'로 발걸음을 옮긴다. 세 번째 민박집을 둘러보는데 치앙마이(Chiang Mai)부터 이 작은 산골 마을까지 작은 오토바이(스쿠터)를 타고 왔다는 한국인 여행자들을 만나서 매우 반가웠다. 그들과 현지식당에서 느지감치 점심식사를 하고는 마을을 두루 볼 수 있는 '쫑깜 언덕(The Jongkham Hill)'에 올랐다.

버마 식 불교탑을 가운데 두고 신도들이 탑돌이를 하고 있고, 방문객들은 종교행사에 거치적거리지 않으려고 조용히 앉아 있었다. 연무인지 안개인지, 그날따라 하늘이 끄무레해서 산 너머 버마(Burma)를 볼 수 없기에 아쉬움이 컸다. 언덕에서 내려다본 매홍손(Mae Hong Son)은 잔잔한 '쫑깜 호수'를 가운데로 두고 주변에는 붉은색 지붕과 초록색 나무의 어우러짐, 호수에 비치는 '쫑깜 호수(The Jongkham Lake)'이 멋스러움을 자아낸다.

▶ 쫑깜 언덕에서 내려다본 마을 전경과 잔잔한 호수에 비친 쫑깜 사원

　긴 나들이를 하면서 낯선 곳으로 가는 떨림과 설렘보다도 무거운 배낭을 내려놓듯이 내 마음의 모든 것을 내려놓고 마음껏 쉴 수 있는 곳을 바랐던 나에게 매홍손은 귀한 곳이었다. 아침 안개가 피어오르는 쫑깜 호수(The Jongkham Lake)'를 바라보며 아기자기한 보낸 여유로움이 좋다. 내게는 매홍손(Mae Hong Son)이 조용한 마을이라서 좋았으나, 관광사업으로 삶을 꾸리는 지역주민에게는 삶의 의욕을 잃게 했다. 치앙마이에 있는 여행사들이 당일치기 여행상품을 만들었기 때문이다. 매홍손에는 문 닫은 호텔과 식당이 많고, 민박집에도 손님의 거의 없었다. 경기침체에 빠진 이 마을에 나그네들이 많이 머물렀으면 좋겠다.

▶ 치앙마이의 대형여행사가 운영하는 매홍손의 호텔. 레스토랑은 문을 닫게 된다.

　　치앙라이(Chiang Rai)에 가자마자 비정부단체(NGO)에서 세운 지역박물관(The Regional Museum)부터 들렀다. 태국의 북부지역 사람들의 삶을 영상(한국어로는 준비되어 있지 않다)을 통해 보여주고, 아편(Opium)의 현황과 카렌족에 대한 태국정부의 진실이 담긴 문서도 있으며 북부지역 사람들의 생활모습으로 농기구와 의복 등도 마련되어 있다. 다음 날 아침, 아동 성 관광 근절을 위해 노력하는 비정부단체 엑팟 태국(Ecpat Thailand)을 방문해도 좋다는 허락을 받았다. 나는 바로 자전거를 빌려 치앙라이 시내를 벗어나 변두리로 자전거여행을 떠났다. 일반주택가에 있는 그 단체에 들러 관련된 자료를 받고, 파트타임으로 일하는 치앙라이대학교 학생들과 가볍게 대화도 나누었다. 물론 우리나라 연예인들의 얘기도 빠지지 않았다.

▶ 아편과 인간동물원의
　진실이 있는 박물관

▶ 아동 성 착취 근절을 위해 노력하는 비정부단체

여기서 잠깐!

치앙라이(Chiang Rai)에 위치한 고산부족박물관(The Hilltribe Museum)은 태국 북부지역의 고산족에 대해 많은 것을 배울 수 있는 유일한 곳이다. 박물관에는 아편의 역사, 고산족의 농업과 사냥, 고산족에게 대나무의 중요성, 카렌족(인간동물원)의 진실, 고산마을에서 지켜야 할 규칙 등을 테마로 이루어졌다. 그 박물관은 1974년에 지역사회에 기반을 둔 개발(Community-Based Development)을 비전을 갖고 있는 비정부단체(NGO)인 PDA(The Population and Community Development Association)에 의해 설립되었다. 또한 치앙마이(Chiang Mai)의 대형여행사들이 관광객을 유치를 통해 경기침체를 겪고 있는 태국 북부지역의 부족사회에 직접적인 이익이 돌아갈 수 있는 CBT(Community-Based Travel)를 운영하고 있다.

• 자세한 내용 참조 www.pda.or.th/chiangrai

아시아 여성의 인신매매(Sex Slaves: The Trafficking of Women in Asia)에 관한 책을 쓴 루이스 브라운(Rouise Brown) 교수에 의하면, 매사이(Mae Sai) 국경마을에 있는 호텔이나 게스트하우스에서도 상업적 아동 성 관광(The Commercial Sexual Tourism and Prostitution of Children)이 많이 이루어지고 한다. 실제로 가본 국경마을에는 시장을 비롯하여 호텔과 민박집이 많았다. 버마 국경마을까지는 못 들어갔지만, 우정의 다리에는 위험에 노출되어 있는 어린이들이 무리지어 다니며 가리산지리산하고 있었다. 매사이(Mae Sai)에 잠시 들렀다가 '골든트라이앵글(The Golden Triangle)'과 '아편(Opium)'으로 알려진 치앙샌(Chiang Saen)으로 들어갔다. 민박집을 찾아 흙빛 메콩 강(The Mekong River) 둑을 걷고 있는데, 한 여자 어린이가 여행가방(스튜케이스) 속에 쪼그리고 앉아 있는 인신매매(Human Trafficking)금지 보람판이 보였다.

▶ 태국과 버마 국경에는 위험에 노출되어 있는 어린이들이 많다.

메콩 강(The Mekong River)을 바라보며 아침 커피를 마시던 짧은 머리의 서양인 여성 여행자가 자기가 묵고 있는 민박집을 소개해 준다. 이렇게 여행자들끼리는 긴말을 하지 않아도 혹은 서로 인사를 하지 않아도 기꺼이 한뜻이 되어준다. 이것이 나들이의 또 다른 즐거움 아니겠는가. 내가 묵었던 민박집의 젊은 부부는 북한 이탈주민들을 도와주고 싶지만, 도와주는 사람도 체포되는지라 그들에게 긍휼한 마음만 있단다.

다음 날 아침, 아침 커피를 마시고 있는데 한국인 중년 부부가 어제 나처럼 민박집을 찾고 있었다. 우리는 자전거를 빌려 중심가에 있는 '왓 쩨디 루앙(The Chedi Luang Wat)'과 '왓 빠싹(The Pasak Wat)', 100여 개의 계단을 오르면 치앙샌(Chiang San)과 라오스(Laos)까지 볼 수 있는 언덕도 올라갔다. 그날은 연무 때문에 주변이 탑탑했고, 라오스(Laos)가 보이지 않아서 아쉬움을 남긴 채 세 나라를 한꺼번에 볼 수 있는 '골든트라이앵글(The Golden Triangle)'을 향해 자전거 페달을 부단히 밟았다.

▶ 연무현상으로 라오스가 보이지 않다.

▶ 태국과 라오스 북부지역에서 자전거여행을 즐기다.

‘골든트라이앵글(The Golden Triangle)’은 세계적으로 알려진 곳답게 관광객들이 꽤 많았다. 우리도 골든트라이앵글 푯말 앞에서 세 나라(태국, 라오스, 버마)의 평화를 기도하며 셋이 손을 잡고 사진기에 추억거리를 남겼다. 골든트라이앵글에 가면 꼭 들러야 하는 곳이 있는데, 바로 아편박물관이다. 하루 종일 자전거를 타고 열심히 달렸던 우리의 몸은 고단했지만 메콩 강 둑을 따라 나란히 있는 노점식당에서 생선구이와 전통음식 중 솜탐(Somtam, 파파야로 만든 매운 샐러드)을 먹으며 안락한 분위기에도 취해본다. 치앙샌을 끝으로 마음 사듯하게 두루 다녔던 태국(Thailand)에게 아쉬운 인사를 남기고 배로 5분밖에 안 걸리는 메콩 강(The Mekong River)을 건너 라오스(Laos)로 들어갔다.

▶ 골든트라이앵글

▶ 메콩 강

▶ 메콩 강 거리식당

05

라오스 Laos

공식명칭 : 라오인민민주주의공화국(The Lao People's Democratic Republic, Lao PDR)

위치 : 인도차이나 반도 중부

면적 : 236,800km2(한반도의 1.1배)

인구 : 약 6,400만 명(2010년 기준)

수도 : 비엔티안(Vientiane, 현지어: 위엥짠)

정체 : 사회주의공화제

언어 : 라오스어

인종 : 라오 룸, 라오 퉁, 라오 숭 및 50여 개의 소수민족

종교 : 불교 90%, 이슬람, 개신교

날씨 : 고온다습한 열대 몬순 기후, 평균기온 28도

비자 : 비자 없이 15일이 체류 가능하다.

시차 : 한국보다 2시간 늦다.

통화 : 낍(Kip)

체험물가 : 생수(1L) 5,000Kip 인터넷(1시간) 2,000~3,000Kip

* 2010년도에 저자가 여행했던 당시의 체험물가이다.

음식 : 카오니아오(Khao Niao), 카오람(Khao Lam), 카오팟(Khao Pat), 퍼
(Foe), 랍(Laap) 등

국기 : 빨간색은 혁명을 위해 흘린 피, 파란색은 민족의 번영을 뜻
한다. 흰색 동그라미는 메콩 강에 떠오르는 보름달과 밝은
미래를 상징한다.

태국 치앙콩Chiang Khong → 라오스 훼싸이HuayXay → 루앙프라방Luang Prabang → 비엔티안Vientiane → 베트남 하노이Hanoi

긴 나룻배를 타고 5분 만에 메콩 강(The Mekong River)을 건너 훼이싸이(Huay Xai) 뱃머리에 닿았다. 훼이싸이에서 스위스인과 일본인 길벗들(태국 치앙샌에서 같은 숙소에 묵음)과 1박 2일의 짧은 여행을 마치고 루앙프라방(Luang Prabang)행 밤 버스가 있는 정류장으로 향했다. 그곳에는 이미 많은 여행자가 버스를 기다리고 있고, 프랑스인 중년남성들은 뭔가 불만이 있는지 창구 여직원에게 삿대질까지 하며 버르르 화를 내고 있다.

버스표를 사고는 시간이 남아서 현지인이 운영하는 간이식당에서 옆 손님들이 즐겨 먹는 음식을 그대로 시켰다. 우리네 비빔국수와 비슷했고, 맛이 달짝지근하고 좋았다. 역시 라오스 음식이 맛있다는 입소문대로였다. 해질녘에 출발한 이층버스(짐은 1층+승객은 2층)는 굽이굽이 굽잇길을 열심히 달려 다음 날 아침에서야 루앙프라방에 도착했다. 기다리고 있던 썽떼우(트럭을 개조한 작은 버스) 운전기사들이 연득없이 달려오더니 민박집 위치를 연신 묻는다. 어수선한 그곳을 빨리 벗어나고 싶었던 우리는 서둘러 풋낯의 프랑스 노부부들이 탄 썽떼우에 올랐다.

▶ 태국 치앙콩에서 라오스 훼이싸이로 들어가는 긴 쪽배

생각에 잠기고 싶거나 휴식을 취하기에 세상없이 다붓한 루앙프라방(Luang Prabang)은 만났던 사람들을 여러 번 만나게 될 정도로 작은 도시이다. 도시 전체가 유네스코의 세계문화유산에 등록되어 있기에 우리네 경주나 안동처럼 루앙프라방만의 멋을 느낄 것이라고 내심 바랐었다. 그러나 막상 가보니 프랑스 식민지 시절의 건물과 메콩 강(The Mekong River)을 따라 깔끔하고 분위기 좋은 커피숍과 레스토랑이 즐비해서 약간 실망스러웠다. 이튿날, 루앙프라방을 조금이라도 알 수 있는 유물 중심의 왕궁박물관(The Royal Palace Museum)을 들러 왕족이 사용했다는 유물만 보고는 아기자기한 레스토랑이 즐비한 길을 따라 거닐었다. 속이 헛헛하여 대나무 바구니에 나오는 찰밥과 야채볶음으

▶ 왕의 유물이 가득한 국립왕궁박물관

▶ 푸시언덕으로 올라가는 계단

로 근사한 점심 곁두리를 즐겨봤다. 루앙프라방(Luang Prabang)과 방비엥 (Vang Vieng)의 아름다운 자연과 훈훈한 라오스 사람들을 찾는 나그네 들도 있지만, 약물복용과 아동 성 관광을 하는 사람들이 많다는 뒷얘 기도 심심찮게 들린다.

다음 날, 같은 민박집에 머물던 한국인 여행자들과 썽떼우를 빌려 '꽝시 폭포(The Kuang Si Waterfalls)'로 떠났다. 다이빙을 즐기는 관광객들 사이에서 현지인 젊은이들의 다이빙은 마치 15초짜리 광고처럼 사람 들의 눈길을 끌었다. 꼭대기에서 길게 쭉 뻗으며 쏟아지는 폭포가 멋 스럽고, 그 아래 폭포에서는 다이빙이 한창이다. 어슬녘에야 루앙프 라방 중심가로 돌아온 우리는 야시장에서 뷔페식 저녁식사까지 즐겼 다. 다음 날은 또다시 강행군이 시작되는 날. 라오스의 수도 비엔티안 (Vientiane)으로 가는 우리나라의 직행버스에서 하룻밤을 말뚝잠으로 자 야 한다.

▶ 아름다운 자연 속에 있는 꽝시 폭포는 3단계로 나뉘어 있다.

밤새도록 달린 버스는 아침 햇살이 비출 무렵 변두리에 있는 시외버스정류장에 다다랐다. 낯선 도시가 주는 떨림을 이제는 즐길 법도 한데, 늘 그렇듯이 초조함에 사로잡힌다. 친절하게도 썽떼우 운전기사는 민박집이 많은 곳에 세워주었고, 나는 쉴 틈도 없이 민박집을 찾아 나섰다. 가격이 착하다 싶으면 방이 너무나 형편없었고, 이른 시각이라서 문을 열지 않은 곳도 많았다. 고단함을 이겨내지 못한 나는 침대에 눕고 싶은 마음이 굴뚝같은지라 미리 살펴본 한국인 운영의 민박집으로 발길을 돌렸다. 오전인데도 라오스(Laos)의 태양은 뜨겁게 이글거렸고, 점심 무렵에는 지칠 정도로 불볕났다.

드디어 침대에 등이 닿을 수 있는 시간이 왔다. 계단이 많다는 것만 빼고는 방 안에 공동욕실이 있고, 화사한 방 분위기가 마음에 들었다. 같은 민박집에서 만난 일본인은 태국 방콕에서 사업하는데 비자를 새로이 하기 위해 라오스 비엔티안에 잠깐 머물려고 했다가 태국(Thailand)에서 시위가 고조되는 바람에 묵새기할 수밖에 없었다. 한국인 여행자는 방콕(Bangkok)을 거쳐 귀국할 예정인데, 2006년도에 방콕에서 발생한 시위처럼 시민들이 국제공항까지 점령할까 봐 걱정이 많았다. 이른 아침부터 나는 중국 비자를 신청하고, 베트남 하노이(Hanoi)에 들어가는 버스를 예약하느라고 나대로 분주하게 움직였다.

낮에는 걷기에 힘들 정도로 푹푹 찌삶는지라 늦은 오후에서야 두

블록 떨어진 국립역사박물관(The National History Museum)으로 갔다. 같은 민박집에서 만난 한국인여행자의 귀띔으로 라오스 대표 음식을 즐길 수 있는 비엔티안(Vientiane)의 맛집도 갔다. 우리네 비빔국수도 있고, 파파야샐러드인 '땀 막 훙(Tam Mak Hung)'과 보쌈처럼 싸 먹는데 단연 맛집다웠다. 혀에 감도는 그 맛과 신선한 채소가 주는 향을 좀처럼 잊을 수 없다. 맛집 맞은바라기에는 서민적인 노천카페가 있는데 우리네 떡과 똑같은 말랑말랑한 떡 '카오놈(Khao Nom)'이 있다.

다음 날 아침, 중국대사관에 들러 가까스로 비자접수를 끝내고는 내처 비엔티안(Vientiane)을 상징하는 '승리의 문(The Victory Gate)'이라는 '빠뚜싸이(Patuxai)'와 '골든 사원'인 '파탓루앙(Pha That Luang)'에 들렀다. 신 나게 자전거여행을 즐기고는 숙소로 돌아가는 길에 모퉁이를 돌다가 자전거의 속도를 조절 못 하여 손잡이가 약간 흔들거렸다. 그런 나의 행동이 불안했던지 지나가던 한 서남아시아계 호주인 중년남성이 다가오더니 조심하라고 일러줬다. 같은 여행자인지라 친절하게 인사했더니만 치근덕거림에 도리어 불쾌했다.

▶ 라오스를 상징하는 승리의 문

같은 민박집에서 만난 한국인 여자여행자도 불볕더위에 지쳐서 분수대에 앉아있는데 한 서양남자가 다가오더니 이죽이죽 웃음을 흘리며 치근덕거렸단다. 그리고 그녀가 루앙프라방(Luang Prabang)에서 약 25km 떨어진 절벽동굴이자 늘 관광객들이 많은 '팍우 동굴(Pak Ou Cave)'로 들어가는 배에서 서양인 중년남성이 현지인 남자 어린이를 끼고서 스킨십까지 하는 모습을 보았단다. 내가 묵었던 민박집 옆에 있는 호스텔도 배낭여행자들에게 인기가 많은 곳인데, 접수대에는 "우리 호텔은 매춘을 하지 않습니다"라고 영어로 쓰여 있었다.

▶ 골든 사원으로 불리는 파탓루앙 사원

06

말레이시아 Malaysia

공식명칭 : 말레이시아(Malaysia)

위치 : 말레이 반도 남부와 보르네오 섬 일부

면적 : 329,758km²(한반도의 1.5배)

인구 : 약 2,856만 명(2009년 기준)

수도 : 쿠알라룸푸르(Kuala Lumpur)

정체 : 연방형 입헌군주제

언어 : 말레이어, 중국어, 인도 타밀어, 영어

인종 : 말레이계 58%, 중국계 25%, 인도계 7%, 기타10%

종교 : 이슬람교, 불교, 힌두교

날씨 : 적도 근처의 열대우림 기후, 평균기온 26~27도

비자 : 비자 없이 90일 체류 가능하다.

시차 : 한국보다 2시간 늦다.

통화 : 말레이시아 링깃(Ringit)

체험물가 : 생수(1L) 2.0~3.0Ringit

* 2009년과 2010년도에 저자가 여행했던 당시의 체험물가이다.

음식 : 나시르막(Nasi Lemak), 사테이(Satay), 렌당(Rendang), 락사(Laksa) 등

국기 : 초승달과 별은 이슬람교를, 파랑색은 국민의 단합을 뜻한다. 14개의 적색선과 백색선은 연방정부와 13개의 주가 평등한 관계임을 상징한다. 초승달과 별의 노란색은 국왕에 대한 충성을 나타낸다.

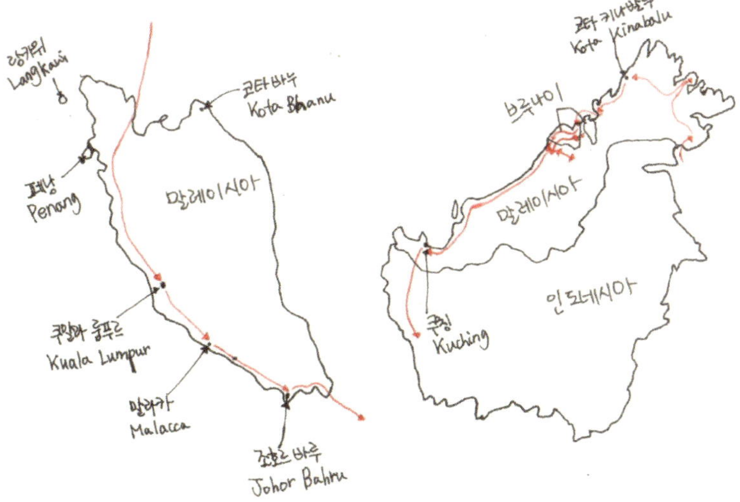

1. 태국 끄라비 해변Krabi Beach → 쿠알라룸푸르Kuala Rumpur → 말라카Malacca → 인도네시아 바탐 섬Batam Island

2. 인도네시아 여객선 → 세필록Sepilok → 코타키나발루Kota Kinabalu → 미리Miri → 로건버넛국립공원Loagan Bunut National Park → 림방Limbang → 쿠칭Kuching → 인도네시아 폰티아낙Pontianak

3. 싱가포르Singapore → 캐머런하일랜드Cameron Highland → 페낭Penang → 태국 파타야Pattaya

　　전날, 태국(Thailand) 핫야이(Hat Yai)에서 시작한 이층버스는 다음 날 새벽 5시에 쿠알라룸푸르(Kuala Lumpur)에 도착했다. 시외버스정류장에서 한 블록 떨어진 차이나타운(Chinatown)에는 야식을 먹는 사람들, 새벽 장사를 끝내고 가전도구를 씻으며 뒷설거지하는 중국계 사람들이 바삐 움직인다. 차이나타운을 한 바퀴 돌아서야 찾게 된 민박집. 인도계 말레이시아인 남자직원이 나를 반갑게 맞이하며 내 여권을 보면서 쿠알라룸푸르(Kuala Lumpur)에서 페트로나스 트윈 타워(The Petronas Twin Towers, 한국과 일본이 건물 하나씩 맡아서 건설)와 박물관이 있는 공원에서 한국인들만 표적으로 삼아 사기를 치거나 카지노 꼬임(여행비 탕진)이 있으므로 각별히 조심하라고 일러준다.

　　이른 아침에 민박집에서 빵과 아침 커피를 즐기고는 국립박물관으로 갔다. 무슬림국가답게 화려하게 꾸며진 국립이슬람사원에는 신도들이 끊이지 않았고, 그 옆에는 국립철도박물관(The National Railway Museum)도 있다. 국립박물관으로 들어가는 길목에는 말레이시아 사람들의 생활모습(의상, 음악 등)을 마련해 둔 작은 전시관과 바깥에는 역사가 오래된 기차도 보였다.

　　우리네 지하철 같은 메트로(MRT)를 타고 페트로나스 트윈 타워를 구경하러 가는 날. 멀리서도 아득하게나마 보이는 옥수수 모양의 은

빛 페트로나스 트윈 타워 앞에는 상쾌하게 뿜어져 나오는 분수대와 시민공원이 있다. 두 빌딩을 이어 주는 구름다리와 빌딩꼭대기까지 돌아볼 수 있되 예약해야 하고, 정해진 시간이 있다기에 아쉬움을 달래며 쇼핑과 다양한 먹거리를 즐길 수 있는 페트로나스 트윈 타워의 쇼핑센터 2층으로 들어갔다. 마스크를 쓴 가족을 엇비끼면서 신종인플루엔자A를 떠올렸다.

▶ 한국과 일본의 합작품인 페트로나스 트윈 타워

내가 떠나기 전에 우리나라를 비롯하여 세상이 온통 신종인플루엔자A 비상사태였고, 시민들도 마스크 쓰기, 손 깨끗하게 씻기 등 개인 위생에 부쩍 민감함을 보였었다. 그러나 중국 톈진 항 이민국을 빼고는 육로여행에서 신종인플루엔자A 검사를 받은 바도 없었고, 중국(China)부터 이곳 말레이시아(Malaysia)까지 다니는데 언론매체에서 간단하게 다루기만 했다. 게다가 마스크를 쓰거나 신종인플루엔자A를 걱정하는 시민들도 거의 없었다.

나는 발길을 돌려 절반은 중국어로 된 책과 영어책으로 구성된 쇼핑센터의 책방에서 아시아의 성 관광과 관련된 책 몇 권을 사서 나오는데 먹빛 구름이 몰려오더니 뒤미처 장대비가 쏟아졌다. 페트로나스 트윈 타워 후문에서 지도를 보며 윈도 쇼핑할 수 있는 쇼핑밀집구역을 찾고 있는데 한 중국인계 중년 남성이 다가와서 말을 걸어온다. 그의 속셈을 아는지라 인도전통의 상을 입은 인도인 단체관광객 속으로 들어갔다.

다음 날, 차이나타운 앞에서 공공버스를 타고 1시간여 지나서 '바투 동굴(The Batu Cave)'에 이르렀다. 여전히 익숙하지 않은 힌두교와 인도(India)만의 독특한 향냄새에 나도 모르게 이맛살을 찌푸린다. 금빛 여신상과 272개의 계단이 눈길을 끌었다. 계단을 오를 때마다 야생원숭이들이 손님이 들고 가는 비닐봉지를 낚아채는데 그런 왁살궂은 원숭이가 귀엽다.

272개의 계단을 밟고 꼭대기에 서서 습습한 바람을 맞으며 쿠알라룸푸르의 북부마을을 보는 재미도 쏠쏠했다. 얕은 동굴 안에는 독특한 향냄새가 물씬 풍겼고, 몇 명의 인도계 남성들이 힌두교 의식을 치르고 그 옆에는 신실하게 기도하는 힌두교 신도들이 있다. 바투 동굴을 끝으로 쿠알라룸푸르에서 모든 일정을 마치고 종교의 시작점이자 오래된 도시 말라카(Malacca)로 떠날 채비를 했다. 시외버스정류장에는 고래고래 소리치거나 손님 쟁탈전을 벌이는 호객꾼들로 붐볐다. 이곳에 들렀다가 하루의 피로가 한꺼번에 뫼여서 몸이 께느른했다.

쿠알라룸푸르(Kuala Lumpur)에서 출발한 버스는 점심녘에야 말라카(Malacca)에 도착. 다시 시내버스를 타고 중심가에 있는 짙은 보라색 건물의 말라카그스도교회(Malacca Christ Church, 현재 영국성공회 소속) 앞에서 내렸다. 도시 전체가 유네스코의 세계문화유산에 등록되어 있고, 짙은 회색 이끼가 돋아난 집들이 덧없는 세월을 말해준다. 이곳 역시 중국계와 인도계 말레이시아인들이 상권을 차지하고 있었다. 내가 묵었던 민박집도 오래된 집을 손본 것으로 주인이 중국계 말레이시아인이다. 큰 쇼핑센터와 패스트푸드점을 지나 현지인이 운영하는 푸드코트에서 포르투갈(Portugal) 음식과 커피 한 잔을 마시는데, 이슬람 복장을 한 할아버지가 젊은이들에게 꾸란 구절이 적힌 A3 종이를 내민다. 한 치의 망설임도 없이 값을 지불하고 읽어보는 젊은이들이 인상적이었다.

속을 든든히 채우고 지역박물관(The Regional Museum)과 세인트폴천주교성당(Saint Paul's Catholic Church)이 있는 언덕으로 올라갔다. 박물관에는 고대유물뿐만 아니라 중국인들과 인도인들의 이주사와 포르투갈의 침략, 무슬림, 천주교의 전파에 대한 기록도 있다. 박물관에서 말라카의 생활상을 가늠할 수 있었고, 말레이시아가 중국계 말레이시아인들에게 제2의 고향으로 불리는 이유를 알 것 같다. 말라카(Malacca)의 저녁바닷바람을 쐬고는 차이나타운의 저잣거리로 들어간다. 넘쳐나는 관광객을 피해 호젓한 골목에서 중국식 팥빙수(ABC라고 부름)로 열대기

후의 더위를 식혀본다. 내가 묵었던 숙소 마당에는 초청된 올드 밴드
가 흘러간 팝을 부르고, 조명이 조용하게 흐르는 강물을 뿌유스름하
게 비춘다. 이층 창틀에 앉아 행복한 미소를 지으며 말라카(Malacca)의
밤 풍경에 더 깊이 소르르 빠져본다.

▶ 말레이시아에서 가장 오래된 도시, 말라카

인도네시아 타나토라자(Tana Toraja) 여행을 마치고 내처 2박 3일 여객선을 타서 도착한 곳은 말레이시아의 또 다른 영토, 보르네오 섬(Borneo Island)에 있는 사바 주(Saba State). 시원하게 쭉 뻗은 평탄한 도로를 지나면서 폭이 좁고 굽잇길이 많았던 인도네시아(Indonesia)에서 벗어났음을 새삼 느껴본다. 필리핀(The Philippines) 잠보앙가(Zamboanga)로 들어가는 국제여객선이 있는 산다칸(Sandakan)에 닿자마자, 국제여객선회사부터 찾았다. 필리핀 민다나오(Mindanao)에 계엄령이 선포되었다는 뉴스를 선박회사 직원에게 물었더니 "그래도 여객선은 다니고, No problem!"이라고만 말한다. 필리핀으로 들어가는 국제여객선은 못 타는 대신 부슬비를 맞으며 열대밀림 속을 거니는 기분도 즐기고 산다칸 바다가 보이는 언덕으로 올랐다. 사바 주(Saba State)의 총재 자택을 지나 조금 더 올라가면 제2차 세계대전 피해자를 기리는 위령비가 있고, 중국인과 일본인을 위한 공동묘지도 있다.

▶ 필리핀행 국제여객선을 운영하는 회사

▶ 세필록 오랑우탄 재활센터

이튿날 아침, 공공버스를 타고 1960년대에 만들었다는 '세필록 오
랑우탄 재활센터(The Centre of Orangutan Rehabilitation in Sepilok)'로 갔다. 사바
주(Saba State)의 관공서에서 만든 홍보지에 실린 리조트로 갔으나 빈방
이 없다면서 고맙게도 다른 곳을 이어주었다. 내가 머물렀던 리조트
에는 필리핀에서 이주민노동을 하러 온 젊은이들이 대부분이었고, 사
장은 중국계 말레이시아인이었다. 리조트 사장은 자기가 제일 먼저
이곳에 손수 가꾼 리조트와 밀림정원을 애인여기했다.

세필록 오랑우탄 재활센터에는 오전부터 내외국인 관광객들로 붐
빈다. 오랑우탄과 원숭이가 식사하는 모습을 보며 사진기에 담는 것
과 재활센터 운영비로 쓰이게 될 것인데, 내국인에 비하여 외국인의
입장료가 터무니없이 높았다. '침묵'이라고 적힌 푯말을 들고 있는 직
원과 재잘거리는 어린이들 사이에 신경전이 오가고, 오랑우탄과 원숭
이가 담당직원이 던지는 바나나를 받아먹는 것을 건강해진 그들을
보고는 발길을 돌렸다.

동남아시아에서 가장 높고, 2000년에 말레이시아에서 최초로 유네스코 세계자연유산으로 등록된 키나발루 산(약 4,101m). 일단 키나발루국립공원(The Kinabalu National Park)행 직행버스를 탔다. 버스보조기사는 나한테 코타키나발루(Kota Kinabalu)가 나의 목적지인지 여러 번 묻고는 어둠과 밤안개가 짙게 깔린 산 중턱에 나를 내려주었다. 한 치 앞도 볼 수 없을 정도로 안개가 자욱하게 깔려 있고, 밤인데다가 고도도 높아서 오스스했다. 꽤 많이 알려진 관광지라서 환전과 현금인출이 될 것이라는 생각은 나의 착각. 미국달러만 갖고 있던 나는 걱정이 이만저만 아니었다. 때마침 주차장에서 우리말이 들려온다. 연말여행 온 산악동호회였다.

한국인 길잡이는 친절하게도 환전을 해주고, 숙소가 모여 있는 마을까지 작은 버스에 태워주었다. 15분 달려서 산골 마을에 도착하여 그들과 작별인사를 하고는 재래식 과일가게 앞에서 내렸다. 그곳에서 만난 독일인 커플에게 값싼 민박집을 소개받고는 어두운 골목길로 발길을 옮겼다. 동티모르(East Timor)에서 만난 한국인 여행자가 준 볼펜용 손전등이 매우 요긴하게 쓰였다. 가로등이 없는 오솔길로 들어갈수록 불안했으나, 지나가는 용달차를 얻어 타서 민박집에 시부저기 닿을 수 있었다.

체격이 크고 헌걸스러운 주인 할아버지 역시 중국계 말레이시아인이었고, 중국어와 말레이어, 영어가 막힘이 없었다. 아내와 사별하고,

자녀는 도시에 사는지라 적적함을 달래려고 민박집을 시작하셨단다. 열대지방인데도 침대마다 약간 두꺼운 모직 담요가 있는 것이 의아했으나 새벽녘에야 그 쓰임을 알게 되었다. 우리나라 한겨울처럼 맵짜게 추워서 양말도 신고, 모직 담요를 머리끝까지 덮고는 몸을 곱송그려 새우잠을 잤다.

다음 날 아침, 할아버지께서 두툼한 손으로 챙겨주신 토스트를 먹고 상량한 아침 공기를 마시러 현관으로 나갔다. 아침 안개에 열브스름히 가려졌다가 다시 나타나는 키나발루 산(Kinabalu Mountain)의 장엄함에 놀랐다. 주인 할아버지는 나보고 요즈음 연말이라서 예약손님이 많을 것이고, 길잡이를 꼭 있어야 하므로 코타키나발루(Kota Kinabalu)에 있는 여행사에 들러야 한단다. 나는 아쉬운 대로 제2차 세계대전 연

▶ 동남아시아에서 가장 높은 키나발루 산 4,101m

합군기념관의 전망대에서 그 산을 오래도록 바라보았다. 이슬람 사람들의 공동체상업구역에서 인터넷을 하는데, 히잡(Hijab, 이슬람식 머릿수건)을 쓴 젊은 여성이 우리나라 대중가요를 튼다. 산산한 바람이 부는 이 높은 곳까지 한류열풍이 휘불다니…….

코타키나발루행 작은 버스를 몇 대 보내고 하얀색 작은 버스를 탔는데 먼젓번 인도네시아 여객선을 같이 탔던 체코인 여자여행자를 만났다. 이토록 반가울 수가 없었다. 우리는 코타키나발루(Kota Kinabalu)에서 같은 민박집에 머물렀다. 영국의 식민지였던 코타키나발루는 외국인 관광객들도 많고, 유럽식의 오래된 건물들이 이국적인 풍경을 자아낸다. 중국계와 인도계 말레이시아인들이 상권을 꽉 잡고 있는지라 퓨전 중국 음식과 인도 음식이 말레이시아를 대표하고 있었다.

저녁 무렵, 시계탑이 있는 언덕으로 올라가본다. 입때껏 겨울에만 크리스마스를 보냈던 나에게 동남아시아에서 보내는 한여름의 크리스마스와 연말연시. 인도네시아(Indonesia)와 말레이시아(Malaysia), 브루나이(Brunei)는 무슬림이 강한 국가라서 "Merry Christmas!" 혹은 "Happy New Year!"라는 인사말도 거의 못 했으니 연말연시 분위기가 안 나기 마련이다. 다음 날, 사라왁 주(Sarawak State)행 공공버스에 몸

▶ 같은 말레이시아, 다른 말레이시아가 있다.

을 실었다. 같은 말레이시아의 영토이지만 사바 주(바람 아래의 땅이라는 뜻)와 사라왁 주(코뿔새의 땅이라는 뜻) 사이에는 국경과 이민국이 있다. 이방인인 나는 신기했다. 내국인을 제외한 외국인들은 버스에서 내려 출입국 절차를 밟아야 한다. 같은 말레이시아 영토인데도 말이다.

▶ 한여름에 즐기는 크리스마스가 새롭다.

내가 미리(Miri) 도시를 방문한 것은 유네스코 세계자연유산으로 등록된 '구능물루국립공원(The Gunung Mulu National Park)'으로 가기 위해서이다. 시외버스정류장에 있는 관광안내센터에는 시내버스 운행시간과 여행정보가 넘쳐났다. 나는 시내지도와 관광안내책자를 받고는 민박집부터 찾아 나섰다. 소낙비가 언제 내렸냐는 듯이 바로 뜨거운 태양이 내리쬐는 이 낯선 도시를 걷는다는 것이 쉽지 않다. 호텔을 몇 군데 둘러보고 정한 중급의 모텔에서 내리 잠만 잤다. 저녁 무렵에 느지막하게 일어나서 해산물로 저녁식사를 즐기고 싶었으나, 식당 뒤에서 설거지하는 모습을 보고는 깔끔하게 차려진 인도네시아 뷔페식 음식점으로 발길을 돌렸다. 이번에는 식당 맞은바라기에 있는 맥주바가 눈에 거슬린다. 아슬아슬한 옷차림의 젊은 여성들이 손님을 기다린다.

다음 날 아침, 출근하는 직장인들과 학생들이 요기하는 작은 식당에서 나도 그들처럼 아침식사를 하고는 곧장 '석유박물관(The Oil Museum)'이 있는 '캐나다 언덕(The Canada Hill)'으로 향했다. 언덕에 오르자, 앞에는 미리(Miri) 시내가, 뒤로는 보르네오 섬(Borneo Island)의 밀림이 한눈에 들어온다. 세련된 박물관으로 들어서니 자녀에게 체험을 시켜주는 서남아시아계 가족이 아름다웠다. 다양한 주제와 석유발굴의 역사로 구성된 석유박물관은 체험과 학습의 장이 되기에 탁월했다. 습도가 높고 궂은 날씨 속에 오래 걸었더니 고단함이 곱절로 밀려와 나만의 공간에서 관광안내책자를 뒤적거리며 시간을 보냈다. 관광안내센터에서 받은 홍보 책자에는 '구능물루국립공원(The Gunung Mulu National Park)' 이외에도 밀림 속의 작은 마을까지 알리고 있었다. 브루나이(Brunei) 템부롱(Tembroung)과 경계를 하고 있는 말레이시아 림방(Rimbang)은 금요일 저녁부터 일요일까지 브루나이인들이 많이 찾고, 아슬아슬한 옷차림의 여성들과 밤 문화를 즐길 수 있는 활기찬 읍내로 소개했다. 관공서에서 주말 밤 문화를 위주로 홍보하다니…….

밀림마을의 거점지역인 마루디(Marudi)로 들어가기 위해 미리(Miri) 시내에서 공공버스를 타고 나루터로 갔다. 흙빛의 강은 소리 없이 깊게 흐른다. '아시안브릿지(The Asian Bridge)'가 보이는 나루터에 배낭을 내려놓고는 휴게소에서 요기를 한 후 낡은 스피드 배에 몸을 실었다. 마루디(Marudi)의 자그마한 나루터가 정겹다. 이 마을 역시 중국계 말레이시아인들이 상권을 차지하고 있었다.

다음 날, 구릉물루국립공원으로 들어가는 배 일정을 살펴보고자 새벽 일찌감치 일어나서 나루터로 나갔다. 아침부터 뜨겁게 내리쬐는 햇볕을 손으로만 가린 채 곧 떠날 것 같은 스피드 배를 바라보는데 짐을 싣던 현지인이 인사를 건넨다. 그는 미리(Miri)에 구능물루국립공원으로 가는 비행기가 생기면서 배를 이용하는 손님들이 없어졌고, 스피드 배는 손님이 꽉 뫼여야만 떠난다면서 미리로 돌아가는 게 좋다고 귀띔해준다. 이튿날 아침, 나는 트래킹할 물건만 갖춘 작은 가방을 걸메고 또 다른 국립공원으로 들어가는 스피드 배에 오른다.

▶ 작은 스피드 배를 타고 흙빛 강물을 가로질러 밀림을 오가다.

공원관리소 방명록에는 연말연시에 다녀간 방문객들의 발자국만 있고, 호젓한 분위기의 국립공원에 어렵사리 도착했다. 호수에서 조상 대대로 고기잡이하며 살아온 베라완 부족 노부부가 식당을 운영하고 여직원 한 명이 모든 것을 관리하는 국립공원. 단체손님을 위한 기숙사 모양의 별채에서 혼자 머물면서 오롯이 서 있는 별채를 혼자 쓰는 것이 편했으나 밤에 저절로 전등불이 꺼지자 온 세상이 깜깜해지면서 덜컥 무서워졌다. 다음 날, 어제 직원이 준 국립공원 홍보지에 나온 트래킹 길을 따라 밀림으로 들어갔다가 열 발자국도 못 떼고는 돌아 나왔다. 언덕에서 바라본 밀림 속 큰 호수는 아름다웠고, 신비롭고, 평화로웠다. 비가 많이 내리지 않는 시기에는 호수가 강마르게 말라버린다는 국립공원.

이틀 동안 조용하게 지내다가 떠나는 날이 다가왔다. 지역관광의 북돋움을 위해 어젯밤에 예약해둔 스피드 배를 타고 새벽녘에 아침 안개가 엷브스름히 드리운 잔잔한 호수를 한 바퀴 돌았다. 이른 아침부터 고기 잡는 마을주민, 전통방식의 그물망, 맹그로브 숲, 이름 모를 새들의 지저귐, 언덕배기에 살고 있는 지역주민의 작은 집. 모든 것을 눈에 담아둔다. 다시 밀림마을의 거점지역인 마루디(Marudi)로 가는 스피드 배에 앉았다. 나에게 어디로 가느냐고 묻는 현지인 중년남성에게 말레이어로 말하자 기분이 좋으셨는지 검정 봉지에 있던 드레드레한 열대과일을 한 움큼 주신다. 고마웠다.

▶ 밀림 깊숙이 숨어 있는 진주. 로건버넷국립공원을 발견

▶ 밀림 속에 있는 자연 그대로의 호수는 선주민들에게 삶의 터전

드디어 '구룽물루국립공원(The Gulung Mulu National Park)'로 들어가는 날. 초등학교 때 소풍 가는 듯한 들뜬 기분으로 낡은 스피드 배의 맨 앞자리에 앉았다. 스피드 배는 출발했고, 시원한 바람을 헤가르며 달리는 배 안에 두리안(Durian) 향기가 그득하여 머리가 아팠다. 지역주민에게는 우리네 된장냄새처럼 익숙한가 보다. 우리나라에서 5년 동안 이주민노동을 했었던 한 중년남성이 반갑게 인사를 건넨다. 배는 어느덧 마을에 닿았다. 마을로 올라가자, 보르네오 섬(Borneo Island)에 사는 지역주민의 전통가옥인 '롱 하우스(Long House)'와 초등학교 옆에 있는 작은 교회가 내 마음을 편하게 해준다. 등받이가 없는 나무 자리에 앉아 있는 여인 중에 젊은 여인에게 구룽물루국립공원으로 가는 길을 물었더니 마을의 상황부터 차근차근하게 말해준다.

"여태껏 지역주민이 이 마을에서부터 국립공원으로 가는 배를 운행했었는데, 미리(Miri)에 비행기가 생기면서부터 마을에는 관광객들이 사라졌지요. 지역주민 중 특히 남자들은 생업을 위해 미리(Miri)로 나갔답니다. 예전에는 지역주민이 1천여 명이나 되었었는데 지금은 고작 200여 명밖에 안 남았어요. 공원으로 가시려면, 미리(Miri)로 가시어 비행기로 들어가야 하지요."

그녀의 집 롱 하우스에서 하룻밤 지내도 되는지 조심스레 물었더니 흔쾌히 받아준다. 거실은 넓고 탁 트여서 시원했고, 거실 벽에 걸려 있는 전통물품과 흑백 가족사진이 멋스러웠다. 2층은 가족침실이다. 저녁 내내 지붕을 뚫을 것 같은 기세로 소낙비가 마구 쏟아졌다. 전기를 아끼려고 촛불에 의지하여 저녁식사를 준비하는 그녀를 조금 거들었다. 느닷없이 들이닥친 나그네를 위해 없는 살림에 푼푼한 저녁상을 차려준 그녀의 아름답고 순된 마음에 나는 월커덕거렸다. 식사가 끝나자, 이번에는 파란색 플라스틱 통을 보여주며 쌀로 빚은 전통술을 맛보라고 한 잔 준다. 우리네 소주처럼 보이는 전통술을 한 모금밖에 안 마셨는데도 아릿거렸다.

엎어지면 코 닿을 데 있는 옆집에서 한 남자가 억수같이 내리는 소낙비를 맞으며 검게 그을린 무엇을 들고 있다. 궁금하기도 했으나, 처음 만나자마자 물어보는 것이 겸연쩍은 것 같은 분위기를 타며 탁자 위의 민트향 나물만 다듬었다. 집주인이 깍둑썰기로 된 검은색의 음식을 먹으라며 나에게 내민다. 헉! '원숭이 간', 조금 전에 내가 본 것이 원숭이, 저녁 무렵에 내가 들은 총성이 바로 야생원숭이를 잡기 위한 것. '문화 존중하면서 지역주민과의 관계가 먼저인가 동물보호인가'를 두고 고민하다가 들떼놓고 '달걀을 먹는 채식주의자'라고 얼버무렸다. 인상 강한 한 중년여성이 본인이 브루나이(Brunei)에서 이주민노동을 하였기에 동물보호에 어긋난다는 것쯤은 안다면서 나를 거들어준다.

다음 날 새벽 6시 갓밝이. 초등학생 저학년인 그녀의 아들에게 학용품(연필 등)과 양말을 선물하고, 그녀에게는 값으로 환산할 수 없지만 미리(Miri)에서 중급모텔비 정도의 값을 치르고 아직 어둠이 채 가시지 않은 새벽길을 나섰다.

브루나이 사람들의 주말관광지, 림방(Rimbang)

낮 3시에 출발하는 림방(Rimbang)행 버스에는 나이 지긋한 보조운전기사와 호주인 할머니, 두 명의 지역주민만 있다. 운전기사와 보조운전기사는 중국계 말레이시아인이고, 엇비끼는 음향효과와 배우 액션, 내용도 엉터리인 중일전쟁(The China-Japan War) 영화를 틀어주고는 그들만 비죽비죽 웃는다. 그 따라지 영화가 마뜩잖았던 호주인 할머니는 보조운전기사에게 "CD를 창밖으로 버리라!"며 시원스레 직설화법을 날렸다. 브루나이(Brunei) 영토를 달리던 버스는 고속도로에서 멈추더니 남자들만 거리의 화장실을 이용하는 것이다. "여자는 어떻게 하라고 이러는 거야. 아니, 영화도 남자를 위한 엉터리 전쟁영화이고, 화장실마저도. 굉장히 남성 중심적이다"라면서 말말결에 불편한 속내를 드러내는 그녀와 나는 좋은 길벗이 되었다. 그 어르신은 몇 년 전에 림방(Rimbang)을 방문했을 때 호텔에서 아가씨를 소개시켜주는 현장을 목격하셨단다.

날이 어슴푸레 어두워질 무렵, 드디어 림방(Rimbang)에 도착했다. 이번에는 길벗이 있어서 든든했다. 우리는 버스정류장과 가까운 호텔부터 샅샅이 살펴보고, 침대 2개가 있는 방은 시설이 깨끗해서 이틀 머물렀다. 배고팠던 우리는 저녁식사를 가볍게 즐길 수 있는 야시장으로 한걸음에 걸어갔다. 주로 중국계 말레이시아인들이 운영하는 포장마차였다. 다음 날 아침, 비가 많이 오는 시기라서 비가 내렸다가 그쳤다가를 여러 번. 쇼핑중심가 주변을 걸어보았다. 우리나라의 읍내

쉼직한 이 작은 마을에는 호텔이 참 많다. 관광안내책자에서 말하는 대로 주말에는 브루나이(Brunei) 번호판을 단 자동차가 속속 들어왔다. 호주(Australia)에서 유기농 농장을 혼자 운영하는 그녀는 열대과일 씨를 모으려고 여행하는 중이었고, 그녀 덕분에 이름 모를 열대과일을 먹어보는 즐거움도 누렸다. 다음 날, 우리는 점심 곁두리를 먹은 후 그녀는 말레이시아(Malaysia) 코타키나발루(Kota Kinabalu)로, 나는 브루나이 템부롱(Temburong)으로 각자의 길로 떠났다.

싱가포르(Singapore) 여행을 마치고 말레이시아(Malaysia)의 땅끝 도시, 조호르바루(Johor Bahr)에 닿았다. 기차를 타고 다음 날 새벽 갓밝이에 수도 쿠알라룸푸르(Kuala Lumpur)에 도착하여 다시 시외버스를 타고 이포(Ipoh)를 지나 캐머런하일랜드(The Cameron Highland)로 들어가는 길. 하루 종일 길 위에서 살았던 강행군이었다. 추적추적 이슬비가 내리고, 저녁 안개가 뿌유스름한 깊은 산 속에는 유럽식의 호텔들이 휴양지임을 알려준다. 춥지도 덥지도 않은 선선한 지역에다가 녹차 언덕이 동양의 아름다움을 담고 있기에 일본인 은퇴 어르신에게 인기가 많다고 한다.

다음 날 아침, 오랜만에 기계에서 내린 따뜻한 커피로 몸을 녹이고는 마을 어귀를 한 바퀴 돌았다. 흉물스럽게 남아 있는 큰 건물 앞에는 음식점과 다국적기업의 커피숍, 발마사지숍 등 가게들이 모여 있고, 뒤편에는 주로 가정집을 손봐서 만든 민박집이 많다. 내가 묵었던 민박집은 인도계 말레이시아인 남편과 현지인 아내가 사는 곳으로 세련되거나 풍족하지는 않아도 나그네를 대하는 그들의 순된 마음이 좋았다.

이튿날, 식당에서 짙고 달콤한 아침 커피와 조각 파파야를 먹고는 밀림 속 폭포로 갔다. 오솔길을 따라 들어가니 시원하고 촉촉한 느낌의 숲이 나왔고, 나처럼 엉성하게 그려진 지도를 들고 씩씩하게 혼자 밀림 트래킹을 하는 서양인 여자여행자도 만났다. 그녀는 오후에 약속이 있는데 밀림에 제대로 된 푯말이 없어서 헤매고 있었다. 그곳은 다른 밀림에 비해 구간이 짧고 평탄한 편이었으나 푯말과 쉼터가 없어서 그저 앞사람이 밟고 지나간 발자국이나 뒷사람을 위해 뿌려둔 분홍색 종잇조각을 따라갈 수밖에 없었다.

캐머런하일랜드(The Cameron Highland)의 녹차 언덕을 지나 2차 밀림 트래킹을 떠나는 날. 아침부터 날씨가 물쿠어질 것을 예상하고 물과 몇 가지만 챙기고는 태양이 뜨기 전에 발걸음을 뗐다. 지도상에 그려진 것보다 먼 거리에 있던 녹차 언덕은 야트막한 언덕마다 녹차가 빽빽했다. 평화롭고 눈이 시원하다. 한 폭의 그림과도 같은 녹색 풍경을 따라 녹차농장으로 들어가려다가 스리랑카(Sri Lanka)에서 온 이주민노동자들의 고단한 삶과 녹차 언덕에서 끔찍하게 뿌려대는 화학약품을 보면서 녹차 카페까지 들어가고 싶은 마음이 돈연히 사라졌다. 평화롭고 풍요로운 녹차 언덕의 또 다른 시선이었다. 녹차 언덕보다는 밀림 트래킹에 눈길을 더 두었던 나는 이주민노동자들의 허름한 숙소가 있는 곳에서 밀림으로 들어갔다.

밀림을 한눈에 볼 수 있는 언덕배기의 전망대로 올랐다. 그날 따라 안개가 자욱하게 깔려서 밀림 전체는 못 보고, 바로 나무들이 무성한 밀림으로 들어갔다. 엉성한 밧줄에만 의지해서 내려가야 하고, 빽빽한 나무들 사이로 아롱진 햇살을 받으며 나무뿌리를 가름대로 삼아서 한 발 한발 조심스럽게 내딛어야만 했다. 엉덩방아를 찧기도 하고, 축축한 흙길에 미끄러지기도 몇 차례. 비탈이 심하여 자칫하다가 다칠 수

▶ 관광객을 위한 찻집으로 가다가 흩뿌려지는 화학약품과 이주민노동자들의 근로환경을
   보고 발걸음을 멈추다.

도 있는 떨림이 많았던 밀림 트래킹을 무사히 마쳤다. 온전한 푯말도 없고, 어느 지점까지 왔는지 확인할 수 없거니와 길을 잃을 수 있는 아찔한 상황의 밀림트래킹은 마치 살아남기 위한 극기 훈련과도 같았다. 아침에 시작한 트래킹은 해가 뉘엿뉘엿 기울 때쯤 끝이 났다. 온종일 시달렸던 나의 발에 결국 발덧이 생기고 말았다. 다음 날 아침 7시, 시외버스주차장에서 곧 떠날 것 같은 이포(Ipoh)행 버스에 올랐다. 다음 여행지는 유명한 페낭(Penang)이다.

● 사진 기부 : 홍대오빠
▶ 밀림 트래킹은 생존본능을 일으킬 만큼 떨림이 많다.

캐머런하일랜드(Cameron Highland)에서 같은 버스를 탔던 배낭여행자들은 다시 이포(Ipoh)에서 버스를 갈아타야 한다고 하여 문치적문치적하다가 직원을 뒤따라 페낭(Penang)행 버스를 탔다. 이번에는 페낭(Penang)이 아닌 버터워스(Butterworth)까지 간다는 운전기사의 말에 배낭여행자들은 얼굴을 찡그렸다. 어떤 나그네는 운전기사에게 길잡이 책까지 보여주면서 페낭(Penang)까지 안 들어가는 이유를 물었지만, 운전기사는 어떠한 설명도 없이 신경질적이기만 했다. 기분은 나빴지만, 도리어 우리는 페낭으로 들어가는 페리에서 색다른 나그넷길을 즐겼다. 사면이 뚫린 페리 갑판에서 바닷바람을 쐬니 못마땅한 버스시스템에 짜증스러웠던 나의 마음이 한결 부드러워졌다. 드디어 페낭(Penang)에 도착.

▶ 페리를 타고 페낭으로 들어가다.

▶ 페낭에는 오래된 건물들이 많다.

페낭(Penang)은 도시 전체가 유네스코 세계문화유산으로 등록되어 있고, 빛바래고 검은 잿빛의 이끼가 돋아난 오래된 집들이 도시의 역사를 알려주고 있었다. 이곳도 중국계와 인도계 말레이시아인들이 상권을 차지하고 있으며 큰 쇼핑몰도 쉽게 볼 수 있다. 몸이 지쳐서 고단했던 나는 일찍 잠자리에 들었다.

달콤한 잠이 들려고 할 때, 내 열쇠를 바꿔주겠다면서 목청껏 소리 높여 아닥치듯 나를 깨우는 민박집의 직원인 중국계 말레이시아인 아주머니가 못내 언짢았다. 내일 아침에 해도 될 것을 굳이 자는 사람을 깨워야 하는가. 같은 방의 미국인 남자여행자도 "시끄러운 아줌마"라며 보탠다. 또 다른 친구는 태국(Thailand) 푸껫(Phuket)의 한 호텔에서 마케팅 쪽에 일하고, 태국인 여성과 결혼하여 가족을 둔 영국인 중년남성으로 비자를 새로이 하기 위해 페낭에 왔다고 한다. 그는 쿠알라룸푸르(Kuala Lumpur)를 다닐 때 중국계 말레이시아인 중년남성으로부터 "중국여자 있어요!"라는 성 관광 유혹을 당해봤다고 한다.

▶ 세인트 조지 교회

▶ 크리스챤 공동묘지

다음 날, 해돋이와 해거름으로 꽤 알려진 '페낭 언덕(The Penang Hill)'에 올랐다. 꼭대기까지 빨간색 작은 기차(케이블 작은 기차)로 올라가는 것이 신기하여 망설임 없이 바로 표를 샀다. 재잘거리는 학생들이 많아서 다음 기차를 탔더니 이번에는 눈만 보이는 검정 부르카(이슬람 전통의상)를 입은 이슬람 여성 때문에 깜짝 놀랐다. 작은 기차는 바다 너머 버터워스까지 보이는 언덕배기로 향하다가 산 중턱에서 다른 기차로 갈아탔다. 꼭대

기에 도착한 페낭 언덕에는 역사 깊은 호텔과 무슬림사원, 힌두사원
이 있다. 가족여행으로 좋을 페낭을 끝으로 정든 말레이시아를 뒤돌
아보고는 누꿈해진 다리의 생채기를 단 채 태국(Thailand) 방콕(Bangkok)
행 국제열차에 올랐다.

07

인도네시아 Indonesia

공식명칭 : 인도네시아공화국(The Republic of Indonesia)

위치 : 태평양 서남쪽 말레이 제도

면적 : 1,919,440㎢(한반도의 9배)

인구 : 약 2억 3,000만 명(2010년 기준, 세계 4위)

수도 : 자카르타(Jakarta)

정체 : 대통령중심제

언어 : 인도네시아어

인종 : 자바인 45%, 순다인 13.6%, 마두라족, 바딱족, 발리족, 미낭족 등

종교 : 이슬람교 87%, 개신교 6%, 가톨릭 3%, 힌두교 2%, 불교 1%

날씨 : 고온다습한 열대성 몬순 기후, 연평균기온 25~28도, 습도 73~80%

비자 : 비자가 있어야 한다. 도착비자 가능하다.

시차 : 한국보다 2시간 늦다.

통화 : 인도네시아 루피아(Rupiah)

체험물가 : 생수(1L) 3~5,000Rupiah, 인터넷(1시간) 3~6,000Rupiah(지역별

차이가 크다)

　　　　* 2009년과 2010년 여행 당시의 물가이다.

음식 : 나시고랭(Nasi Goreng), 미고랭(Mie Goreng), 미아얌(Mie Ayam), 가

도가도(Gado-Gado) 등

국기 : '상 메라 푸티(Sang Mera Putih)'라는 이름을 갖고 있다. 빨간색

은 용기를 흰색은 결백을 뜻한다.

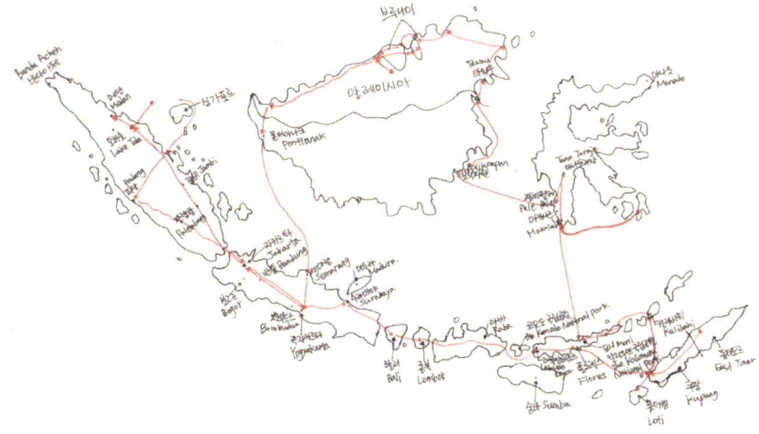

1. 말레이시아 조호르바루Johor Baharu → 인도네시아 바탐 섬Batam Island
→ 수마트라Sumatra → 자카르타Jakarta → 발리Bali → 라부안바조르
Labuanbajor → 쿠팡Kupang → 동티모르 딜리Dili

2. 동티모르 딜리Dili → 인도네시아 쿠팡Kupang → 롯데 섬Lote Island → 칼
라바히Kalabahi → 모니Moni → 마카사르Macasar → 바우바우Bau Bau →
타나토라자Tana Toraja → 팔레팔레Pale Pale → 말레이시아 세필록
Sepilok

3. 말레이시아 쿠칭Kuching → 인도네시아 폰티아낙Pontianak → 세마랑
Semarang → 자카르타Jakarta → 메단Medan → 말레이시아 말라카Malacca

말레이시아(Malaysia) 땅끝 도시, 조호르바루(Johor Baharu)에서 스피드 배를 타고 반나절 걸려 싱가포르(Singapore) 아래 인도네시아(Indonesia) 바탐 섬(Batam Island)에 도착했다. 이민국 2층에 있는 커피숍에 앙증맞은 자리가 지나가는 사람들의 눈길을 끌고, 원유가 들어가지 않은 '커피-O(인도네시아식 블랙커피)'를 마시며 낯섦의 떨림을 잡아본다. 길 건너에 있는 대형쇼핑몰 쪽으로 갔더니 "오토바이! 어디 가십니까?" 또는 "한국사람?" 계속 물어보는 오토바이 운전기사들. 이민국 앞에서 공공버스를 타고 1시간을 달려 나루터로 갔다. 그러나 내일 아침 7시에 떠나는 수마트라 섬(Sumatra Island)행 선박을 타야 한단다.

바탐 섬은 싱가포르(Singapore)에서 스피드 배를 타고 40분 정도 걸리고, 아름다운 해안가도 많아서 싱가포르 사업가들의 휴양지이자 성 관광으로 알려져 있다. 싱가포르(Singapore)에서 만난 한 사업가(말레이시아에서 여행사를 운영)는 휴가로 바탐 섬에 머물었다가 호텔직원이 줄곧 전화로 성 관광을 건네는 바람에 도리어 불쾌한 휴가가 되었다고 한다. 중심가에서 늦은 점심을 즐기는데 2층 PC방에서 우리나라 가요가 흘러나오고, 호텔 주변에는 한국식당도 있다. 바탐 섬에 한국인들도 많은가 보다.

호텔에서 약간 눅눅한 이불을 덮었더니 빈대에 물린 것인지 우둘투둘하게 발그름히 일어나고 가려웠다. 이른 아침, 택시 흥정이 순조

롭게 이루어지고, 정직한 택시 기사를 만나서 마음이 편했거니와 제시간에 나루터로 갈 수 있었다. 수마트라 섬에 있는 페칸바루(Pekanbaru)와 두마이(Dumai)행을 거듭 생각하다가 결국 수도 자카르타(Jakarta)와 가까운 페칸바루행으로 다짐했다. 보르네오 섬(Borneo Island) 폰티아낙(Pontianak)에서 2주에 한 번씩 오는 여객선이 있기는 하나 일정을 맞추기란 결코 쉽지 않다.

스피드 배에는 모두 현지인들. 내 외모가 중국계 인도네시아인으로 보이는지라 말을 안 하면 나를 현지인으로 본다. 배에서 세 명의 자녀를 둔 젊은 부부와 대화를 하면서 인도네시아 바하사어(Bahasa)로 인사말을 배우기도 했다. 배가 뜨기 전 바구니 안에 요깃거리와 황갈색 종이로 싼 도시락을 파는 모습이 정겹다. 출출했던 나도 도시락을 하나 샀는데 수저가 없다. 쌀밥과 우리네 닭볶음 같은 기름진 닭고기를 손으로 먹는 것이 막막했는데 고맙게도 앞좌석에 있는 현지인이 선뜻 수저를 건네준다.

드디어 도착. 대부분의 손님은 나루터에서 시내까지 가는 낡은 무료순환버스를, 경제적 여유가 있는 이들은 SUV(Sports Utility Vehicle)를 타고 시내로 들어갔다. 배 안에서 만난 가족의 도움으로 나도 무료순환버스에 탔는데 담배를 피울 수 있는 버스였고, 자리 폭도 매우 좁아서 편찮았다. 나를 더욱 놀라게 한 것은 어린 자녀 얼굴에 대고 담배 연기를 내뿜는 아버지들이었다. 담배 못 피우는 것을 공손스레 말하면 담배꽁초를 든 손을 창밖으로 뻗고는 줄곧 피워대는 데 어처구니없었다. 작은 선풍기조차도 없는 버스는 큰길을 달리고, 손님들의 반응도

▶ 손으로 먹는 인도네시아 도시락

무덤덤해질 쯤에 내내 뒷자리에 앉아 있던 젊은이 두 명이 앞으로 나가더니 기타를 들고 노래를 세 곡 불렀다. 그러고는 손님들에게 봉사료를 바랐다. 나는 손님들의 심심함을 달래는 선박회사의 보탬인 줄 알았으나 인도네시아(Indonesia)를 허리까지 두루 다녀보니, 그들은 여럿이 몰려다니는 '버스의 악사'이고, 그들의 직업임을 알았다.

나는 도중에 SUV를 갈아탄 후 2시간 이상 걸리는 읍내까지 사뜻하게 가서 땅거미 내릴 때쯤 페칸바루에 이르러 파당(Padang)행 버스에 올랐다. 파당행 밤 버스는 에어컨이 없는 일반버스였고, 이번에도 버스에서 공공의식이 없는 손님들의 담배 피움이 계속되었다. 밤 9시, 허름한 휴게소에서 먹은 인도네시아 전통음식, '나시고랭(Nasi Goreng, 볶음밥)'이 꿀맛이었다. 이튿날 새벽 5시에야 파당(Padang)에 다다랐다. 이른 시간인지라 베모(Bemo, 작은 버스)는 없고, 새벽녘에 비가 내렸는지 땅이 촉촉했다.

시내 쪽으로 무작정 걷다가 끝이 길게 쭉 뻗어 있는 인도네시아 북부지역 수마트라 전통건축양식이 독특하다. 그러나 아래로 꺼진 듯이 무너졌거나 벽에 금이 간 대학교 건물과 체육관, 호텔, 집이 대수롭게 느껴졌다. 날은 밝았다. 출근하는 사람들 틈에 베모를 탔는데, 한 남자가 내 무릎을 꽉 짚고 내리는 것이 굉장히 거슬렸다. 한 프랑스인 여행자에 의하면, 그들의 문화이고 어떤 때는 꽉 찬 베모 안에서 무릎에 앉아 가는 일도 있단다. 일단 마음을 추스르고 잠잘 곳을 찾아 나섰지만, 호텔은 모두 찼다. 호텔 앞에는 국제기구 차량도 보인다. 일찍 문을 연 식당 주인아저씨에 의하면, 간밤에 태풍과 아울러 지진으로 건물이 무너졌고, 이재민 때문에 호텔이 다 찼다는 것이다. 어쩔 수 없이 곧바로 자카르타(Jakarta)행 버스에 올랐다. 내가 탄 버스는 굽이굽이 둔덕진 산길을 지나 수마르타 섬(Sumatra Island) 끄트머리에서 페리를 타고 자바 섬(Java Island) 자카르타로 들어갔다.

자기 발보다 조금 큰 구두를 신은 호텔직원을 따라 2층에 있는 스위트룸으로 갔다. 이틀 밤을 버스 안에서 말뚝잠으로 설자며 애쓴 나에게 에움(보상)으로써 조금 안락한 호텔에 머물렀다. 푹신한 침대에 한참을 눕다가 그대로 잠이 들었다. 다음 날, 첫닭 울음이 아닌 잇따라 부릉거리는 오토바이 시동 소리가 나의 단잠을 깨운다. 굴러가는 것이 용한 낡은 시내버스에는 교복 입은 학생들로 붐볐다. 버스 끝 지점인 재래시장에 내려서 철 구조로 된 버스정류장으로 갔다. 무역회사에 다니고, 부모님 세대가 중국(China)에서 온 중국계 인도네시아인 여성은 선뜻 내게 버스노선표를 주면서 트랜스 자카르타(Trans Jakarta 혹은 Koridor)가 우리네 지하철 같은 몫을 한다고 일러주었다.

아침 커피를 마시고 싶은 마음이 굴뚝같아서 '다국적기업의 물품을 이용하지 않겠다'는 나의 책임여행원칙을 깨고 D커피숍으로 들어갔다. 동남아시아에서도 커피를 생산하지만, 수출에만 중점을 두는지라 세계적인 관광지를 빼고는 개성 있거나 공정무역을 통한 커피판매점 혹은 커피숍이 아주 드물었다. 인도네시아(Indonesia)에도 다국적기업이 그물망처럼 펼쳐져 있어서 유혹을 뿌리치기란 쉽지 않았다.

자카르타(Jakarta)에는 국제도시답게 대형호텔과 백화점, 은행, 대사관, 커피숍 등 빌딩들이 빽빽하게 들어서 있었으며 깔끔하다는 느낌을 받았다. 빌딩 숲에 있는 다국적 커피회사 'S'커피숍이 24시간 불

▶ 교통체증이 심각한 자카르타를 편하게 다닐 수 있는 서민의 발, 버스트랜스

켜지는 것에 조금 놀랐고, 밤낮으로 활발하게 움직이는 도시로 다가왔다. 시내로 들어가는 트랜스 자카르타를 타고 빌딩 숲 근처의 국립박물관(The National Museum)으로 갔다. 자카르타에만 있는 트랜스 자카르타는 버스 내부가 좁았지만, 일반버스보다는 길었고 전통의상을 유니폼으로 입은 안내원이 있어서 서로 타려고 밀치거나 문틈에 끼는 일은 거의 없었다. 그리고 교통체증이 심한 자카르타(Jakarta)에서 전용도로로만 달리고, 갈아탈 수도 있는 트랜스 자카르타를 타고 다니는 것도 하나의 재미였다.

국립박물관은 외국인 차별요금이 따로 없었다. 인도네시아(Indonesia)의 각기 다른 부족의 색깔을 살리고, 그들의 삶을 이해하기 쉽도록 안내판과 더불어 유물들이 전시되어 있다. 현대식으로 지은 곳에는 인도네시아인들의 생활상과 역사를 엿볼 수 있도록 시대별로 엮어져 있었다. 점심시간에는 문을 닫는다고 하여 나머지는 잰걸음으로 훑어

▶ 국립박물관과 독립기념탑

보고 내처 박물관 건너에 있는 독립기념탑(The Independence Memorial)으로 향했다. 그늘이 아니면 걷기 힘들 정도로 푹푹 찌삶는 더위 속에 널따란 공원에 있는 독립기념탑을 멀찌감치 서서 사진만 찍고는 시원한 에어컨 버스를 올랐다.

다음 날 아침, 자카르타(Jakarta)에서 발리(Bali)까지 가는 페르니 여객선(The Pelni Ferry, 인도네시아 국영선박회사)을 타려고 탄정바루(Tanjeongbaru)에 있는 선박회사에 갔으나 여객선은 엊그제 떠났고, 여행사에 예약을 해야 하며 2주 후에 다시 오란다. 이번에는 자바 섬 끄트머리로 가는 기차를 타려고 자카르타 시내에 있는 감미르 기차역(Gamir Train Station)으로 가보았다. 기차표를 구매하려면 준비된 종이에 이름과 목적지, 기차등급을 적어서 창구 직원에게 내밀어야 하는데 관공서 같았다.

저녁 6시에 출발한 수라바야(Surabaya)행 기차의 특급 칸은 깔끔했고, 푹신한 자리에서 하룻밤을 기차에서 보냈다. 욕야카르타(Yogyakarta)에서 명문대학교를 졸업하고 미국(The United States)에서 신학을 공부하다가 잠시 들른 현지인 남성은 내가 여객선으로 인도네시아(Indonesia)를 일주한다고 하니 떨떠름히 자기 손전화로 인도네시아 바다 깊이를 보여주면서 인도네시아(Indonesia)에 선박사고가 자주 발생하므로 비행기를 타라며 걱정까지 해준다. 기차 안에서 볶음밥 '나시고랭(Nasi Goreng)'을 먹으며 우리의 이야기는 계속 이어졌다.

다음 날 아침, 기차 안에서 부스스 눈을 뜬 나는 '환상의 섬, 발리(Bali)'가 가까워졌다는 설렘과 수라바야(Surabaya)의 낯섦에서 오는 긴장감이 한꺼번에 들었다. 수라바야 기차역(Surabaya Railway Station)에 발리행 밤기차가 있어서 표를 미리 사두고는 근처 쇼핑몰로 발길을 옮긴다. '분명 지도상에는 발리(Bali)가 자바 섬에서 조금 떨어져 있는데, 다리가 있어서 기차가 발리까지 이어져 있나!' 곰곰이 생각해봤다. 저녁이 되자, 기차역의 작은 음악회는 적막했던 대기실에 생동감을 불어넣는다. 밤 10시, 드디어 발리행 기차에 올랐다. 현지인 손님들이 두꺼운 겨울옷에다가 모자까지 쓴 것이 이상하다고 여겼는데 새벽녘에야 그 이유를 알았다. 냉동고에 있는 것처럼 대단히 춥고, 에어컨을 꺼달라고 하는 손님도 없었으며 승무원들도 무신경한 반응으로 기차표에 구멍만 뚫는다.

이튿날 아침, 마침내 발리(Bali)로 들어가는 날. 발리(Bali)로 가는 손님들만 길잡이를 따라 작은 버스를 타고 나루터로 갔다. 발리(Bali)에서 3개월 동안 머물고, 욕야카르타(Yogyakarta)를 두루 살펴보고 다시 발리(Bali)로 돌아가는 프랑스인 젊은 부부와 나는 눈앞에 발리(Bali)를 두고도 2시간이나 속절없이 기다려야만 했다. 우리는 인도네시아(Indonesia)의 비효율적인 사회제도와 느림의 아름다움으로 보는 사람들의 더딘 움직임, 문화와 성추행의 차이 등 인도네시아 얘기로 올올이 엮는다. 자꾸 시계를 바라보는 나에게 시계를 빼고 호기심 많은 아이가 되라는 그들의 부드러운 귀띔도 좋았다. 그들의 아프리카 생활과 내 동남아시아 일주 이야기도 빼놓지 않았다. 수다로 심심함을 달랬던 우리는 페리에 올랐다. 페리는 휘감아 도는 서클을 에돌아 나아가야 해서 시간이 오래 걸렸다.

드디어 발리 섬(Bali Island) 나루터에 닿았고, 길잡이는 우리를 에어컨 버스가 아닌 자연 바람을 에어컨 삼아 달리는 노란색 공공버스에 태웠다. 푹푹 찌삶는 버스 안에서 꾸벅꾸벅 졸다가 발리(Bali) 전통의상을 입고, 쪽 찐 머리에 꽃을 꽂은 중년여성의 아름다움을 보며 발리(Bali)에 잘 도착했다는 생각에 기분이 상쾌해졌다. 차창 밖에는 크메르양식의 힌두사원과 한눈에 들어오는 작은 규모의 계단식 논, 야자수 숲으로 이루어진 해안가를 보자 저절로 함박웃음을 짓게 된다.

변두리에 있는 버스정류장에 다다르자, 괘다리적은 호객꾼들이 우리를 붙잡고 놓아주지 않는다. 인도네시아 물정을 잘 모르고, 대부분의 외국인이 발리 끝자락에 있는 해안으로 가는지라 그들에게 우리는 호기심뿐만 아니라 잘하면 남는 장사이기에…… 후덕한 얼굴의 베모(Bemo, 작은 버스) 운전기사와 흥정을 하는데 어느새 데퉁스러운 말투와 비식비식하며 귀동냥하는 호객꾼들에게 둘러싸였다. 엇지던 흥정이 잘 끝났고, 프랑스 부부 덕분에 낯선 길에 내 첫발자국을 잘 내디딜 수 있었다. 같이 해안가로 가자는 그들의 만류를 뿌리치고 나대로

▶ 힌두의 섬, 발리에서

발리 시내에서 내려 그들에게 손을 흔들어주었다.

　꿈에 그리던 그곳, 발리(Bali) 중심가에는 붉은색의 힌두사원과 전통의상을 입고 무거운 꽃잎 보따리를 머리에 이고 가는 여인네들, 길거리에서 꽃잎을 파는 여인네들에게서 푸근함을 느낀다. 새를 조상으로여겨 가게나 집 앞에는 풀잎으로 엮은 작은 사각바구니에 꽃잎과 쌀밥, 과자를 조각조각 뿌려진 풍경도 인상적이다. 겉치레로만 발리(Bali)의 전통양식으로 꾸며진 한 호텔에 들어섰을 때, 붉은색 지붕에 바둑무늬의 회색 사롱을 두른 나무통이 대롱대롱 매달려 있는 것이 신기했다. 같은 호텔에 머물렀던 현지인 가족은 전통의상을 입고, 남녀 모두 한쪽 귀에 흰 꽃을 꽂고는 종교행사를 위해 힌두사원으로 떠났다.이것이 전형적인 발리의 모습. 물론 발리의 중심가 덴파사르(Denpasar)와 유명 해안가에는 사뭇 다른 현대적인 풍경이 많다.

▶ 전통과 평화의 섬, 발리에서

다음 날, 발리관광청에 들러 관광지도를 받고 뿌뿌딴독립광장(The Puputan Independence Square) 동쪽에 있는 발리박물관(The Museum of Negeri Provinsi Bali)으로 갔다. 박물관은 발리의 전통가옥으로 되어 있고, 발리 사람들의 생활상을 한눈에 볼 수 있으며 마당에는 유물도 있다. 국립 박물관 앞의 뿌뚜딴독립광장에는 나무그늘 아래 정겨운 풍경이 많다. 손님을 기다리는 오토바이 운전기사들, 나무그늘 아래에서 서양장기를 두는 사람들, 노점상들, 재잘거리며 여럿이 다니는 학생들, 가끔씩 보이는 외국인 여행자들, 뜀박질하는 남성들.

수공예품점이 밀집되어 있는 4층 상가에는 손님이 드문드문 있었다. 나무젓가락과 수저, 작은 칼을 산 나는 살림살이를 장만한 주부처럼 뿌듯하다. 이튿날 아침, 인도네시아(Indonesia)에서 처음으로 커피공장을 설립하고, 신문에도 오를 만큼 꽤 알려진 커피판매점에서 아침 커피를 즐겨본다. 한국어, 일본어, 중국어, 영어판 홍보지가 마련되어 있을 정도로 인기가 대단했다.

발리(Bali)의 전통을 보려면 우붓(Ubud) 마을로 가라는 말이 있다. 오후 2시, 발리의 중심가 덴파사르(Denpasar) 시외버스정류장에 갔더니 우붓행 버스는 오전에만 운행한다며 기다리고 있던 민박집 주인(우붓 거주)을 알려준다. 우붓 마을 거리에는 독특하게 꾸며진 긴 대나무가 바람에 열렁열렁하며 가로수처럼 서 있다. 대문이 없는 출입구에는 꽃잎이 놓여 있고, 민박집 안채도 알록달록한 색감으로 예쁘게 꾸며져 있다. 주인아저씨 내외는 데릴사위제도가 아직도 남아 있는 발리의 전통방식대로 딸네와 함께 살고 있었다. 현지인이 운영하는 전통가옥

에서 머물고, 작은 식당에서 현지음식을 즐기고, 전통의상도 입어보
고, 전통공연도 관람했다.

　전통이 살아 있고 번잡하지 않은 예술의 고장 우붓(Ubud)에서는 나
자신에게 무엇인가를 해야 한다는 강요가 없어서 푼더분했다. 한갓
거리를 걷는 것만으로도 즐거웠으니까. 삼일 동안 푹 쉬고는 단체 나
들이를 즐겼다. 낀띠마니 화산으로 지날결에 힌두사원도 들러보고,
계속 이어지는 힌두사원은 인도 땅을 밟는 착각에 빠지게 한다. 활화
산에 이르자, 산산한 바람이 우리를 맞이했다. 계단식 논을 끝으로 단
체나들이를 마치고 어둠이 깔릴 때쯤 우붓(Ubud)로 돌아왔다. 그날 밤
에는 내가 머물고 있던 민박집 근처에 있는 힌두사원 빈터에서 지역

▶ 믿음의 섬, 발리에서

주민의 한뜻과 전통을 이어나가자는 뜻에서 지역주민의 참여로 이루어진 동네잔치도 흥겨웠다. 더욱이 남녀노소들 모든 참여자들이 발리(Bali)의 전통의상을 입고, 그들 속에서 나도 홈스테이 안주인의 전통의상으로 발리(Bali) 여인이 되어본다.

네덜란드인 부부와 민박집 가족은 우붓(Ubud)에 할리우드 영화배우 줄리아로버츠가 영화(제목: 먹고, 기도하고, 사랑하라) 찍으러 온다며 더 머물라고 하나, 내 몸이 떠나야 한다고 일러주는지라 그들과 인사를 해야 했다. 같은 버스에서 만난 프랑스 가족과 시원하게 불어오는 바닷바람을 쐬며 롬복(Lombok)행 배가 출발하기만을 기다렸다. 인도네시아(Indonesia)에 정해진 것이 없다고 하나, 많은 사람이 이용하는 배 시간마저 정확하지 않음이 탐탁지 않았다. 저녁 늦게 제2의 발리(Bali)라고 불리는 롬복 섬(Lombok Island)에 도착. 그곳은 이슬람사원이 많고, 인도네시아의 여느 섬과 다를 바 없었다.

다음 날 아침, 아침 커피를 마시러 레스토랑이 즐비한 도로를 걷는데 나를 향해 수상스키를 타라고 고래고래 소리를 지르고, 커피숍에서 롬복 산 커피를 마시는데 무턱대고 다이빙하라고 들이대서 무척 당황스러웠다. 프랑스 가족은 조용하게 가족해상스포츠를 즐길 수 있다는 해변으로, 나는 해거름이 아름다운 바닷가 마을 라부안바조르(Labuanbajor)로 떠났다.

민박집에서 예약한 라부안바조르(Labuanbajor)행은 결코 쉽지 않았다. 뒷목이 뻣뻣해지게 만드는 버스와 배를 갈아타기를 여러 번. 드디어 라부안바조르행 페리에 올랐다. 비교적 큰 배였고, 내 눈으로 봤을 때 거뜬하게 인원 초과였다. 기기고장으로 배가 바다 한가운데서 빙그르르 돌다가 멈췄는데도 손님들은 갈팡질팡하지 않고, 익숙한 듯 자기네들끼리 속닥거리며 여유 있는 태도를 갖거나 무관심한 손님들이 많았다. 무슨 이유로 배가 멈추었는지 혹은 놀라게 해서 죄송하다는 방송도 없었다.

라부안바조르(Labuanbajor) 나루터에 닿을 때쯤 하늘에는 먹구름이 일고 소낙비가 내린다 싶더니 다시 맑아졌다. 도섭부리는 날씨 속에 야트막한 언덕배기에 핀 무지개가 환하게 맞이해 주고, 같은 배에 탔던 현지인 남성의 도움으로 오토바이를 타라고 하거나 코모도 섬(Comodo Island) 관광을 외치는 호객꾼들이 귀찮게 하지 않았다. 포장이 안 된 흙길을 따라 민박집과 여행사가 있다. 코모도 섬으로 가는 관광객의 입맛에 맞춰진 관광 상품이 맞갖잖다.

대부분 민박집은 욕실에 물을 받아놓고 써서 모기유충이 있는데도 그냥 쓰는 등 매우 비위생적이다. 언덕 위에 있는 네덜란드인 소유의 호텔은 깔끔하고, 현대식 화장실을 갖추고 있다. 현지인이 운영하는 레스토랑에서 외로이 기울어져 가는 해거름과 바다를 바라보며 맞갖은 전통음식 '나시고랭(Nasi Goreng)'을 즐기는데 이보다 더 행복할 수 없다.

다음 날 새벽 6시. 티모르 섬(Timor Island)으로 들어가는 페리가 있는 마을, 이메레(Emere)행 작은 버스에 올랐다. 굽이굽이 좁은 고갯길에서 제한속도 없이 달리는데 탈것에 익숙하지 않은 현지인들은 비닐봉지를 손에 들고 있어야만 했다. 버스 지붕 위에 묶어 두었던 가축은 괜찮은지 모르겠다. 하루 종일 달린 버스는 오후 느지막이 이메레 마을에 이르렀다. 언덕배기를 걷다가 뜻밖에 만난 세 자매와 그린망고

(Green Mango)를 먹었던 일과 작은 교회 옆에 있는 민박집이 또 하나의 추억거리가 되었다. 이튿날 아침, 티모르 섬으로 들어가는 페리에 올랐다.

페리 안에서 저녁식사로 나오는 도시락을 먹으면서 흠칫 놀랐다. 손님들이 일회용 스티로폼과 컵라면 용기를 버젓이 아름다운 바닷가에 버리고, 담배 피울 수 있는 별실이 따로 없으니 손님들은 앉은 제자리에서 계속 담배를 피워댔다. 너끈히 인원 초과된 페리는 발 디딜 틈도 없는데다가 페리 갑판에 자리를 펴고 자는 사람들로 넘쳐나서 완전히 난장판이었다. 딱딱한 플라스틱 자리에서 한뎃잠을 잤더니 온몸이 뻣뻣하고 찌뿌듯했다. 다음 날, 초록빛 바다가 아름다운 티모르 섬(Timor Island) 쿠팡(Kupang)에 다다랐다. 나루터에서부터 거리낌 없이 계속 새롱거리던 10대 호객꾼은 동티모르(East Timor)로 들어가는 여행사가 멀다며 웃돈을 챙기고는 이죽이죽 웃어 대는데 아주 얄미웠다.

다음 날 아침 7시, 흰색 작은 버스를 타고 동티모르(East Timor)로 출발했다. 버스에는 휴가 중인 아프리카계 미국인 유엔 직원과 인도네시아의 새 비자가 필요한 필리핀인 수녀와 아일랜드인 수녀, 인도네시아(Indonesia)의 비정부단체(NGO)에서 일하고 인도네시아 현지인 여성과 결혼한 파푸아뉴기니인, 직접 제작한 지도를 동티모르 정부에 파는 게 목적인 이탈리아계 아르헨티나 중년남성, 마지막으로 중국계 인도네시아인 젊은 커플이 탔다.

동티모르로 들어가는 길은 사진에서만 보던 아프리카(Africa) 풍경과

▶ 아름답고 은은한 해거름의 섬, 라부안바조르

닮아 있었다. 나른한 햇살이 운전기사의 눈꺼풀을 무겁게 만들어서 자꾸 슴벅거렸고, 교대운전도 없으니 책임감이 더 막중한지라 그가 내내 담배를 피우며 졸음을 쫓는 모습이 안쓰러웠다. 동티모르(East Timor)와의 국경마을 아탐부아(Atambua)를 지나자 인도네시아 군부대가 많았고, 훈련을 받고 있는 군인들 모습에 팽배한 긴장감이 감돌았다.

　동티모르(East Timor) 딜리(Dili)에서 아침 일찍 시동을 켠 버스는 점심 나절에 인도네시아(Indonesia) 국경마을인 아탐부아(Atambua)에 도착했다. 황갈색 제복을 입은 여성에게 물어 가까스로 호텔을 찾았다. 다음 날 새벽 갓밝이에 1시간 동안 오토바이를 타고 칼라바히(Kalabahi)로 들어가는 나루터로 갔으나 지난밤에 태풍이 심하게 불어 칼라바히(Kalabahi)에서 배가 들어오지 않았단다. 다시 아탐부아(Atambua)로 돌아가서 쿠팡행 미니버스를 타야 하기에 마음이 뒤보깼다. 억수같이 내리는 소낙비 속을 달리는 쿠팡(Kupang)행 작은 버스가 얼마나 달렸을까 바로 뜨거운 태양이 내리쬤다. 얄궂은 날씨.

　길가에 풀잎으로 겹겹이 엮은 전통가옥과 양철판으로 된 집들을 보면서 나만의 생각에 잠겨 있는데 순간 내 눈을 의심할 만한 충격적인 장면을 보았다. 깔끔하게 빗질 된 마당, 양철판으로 된 처마 아래에서 4~5세 정도로 보이는 어린아이가 담벼락에 기대어 능청스럽게 담배를 피우는 것이다. 손가락 사이에 담배를 낀 채 마치 어른들이 인생의 쓴맛, 단맛을 담배 연기에 쏟아내는 것처럼 인생을 안다는 표정을 지으며 스멀스멀 사라지는 담배 연기를 쳐다본다.

여기서 잠깐!

연합뉴스는 인도네시아의 3~15세 어린이 및 청소년들의 흡연 문제도 심각한 수준이라고 보도한 바 있다. 인도네시아 중앙통계청에 따르면 3~15세에서 4명 중 1명꼴(25%)로 흡연 경험이 있고, 이 중 3.2%는 계속 담배를 피우고 있다고 한다. 5~9세 어린이의 흡연 비율은 2001년 0.4%에서 2004년 2.8%로 늘어났다.

쿠팡(Kupang)에 도착하여 하룻밤 자고는 곧장 파란 산호초바다로 가는 완행페리를 탔다. 오후 늦게 닿은 롯데 섬(Lote Island). 내가 가고자 하는 리조트가 있는 해안가인데, 그곳에 들어가는 교통편이 없다면서 비싸게 부르는 오토바이 삯에 얼굴을 찡그렸다. 언제 우르르 몰려왔는지 오토바이 운전기사들이 나를 동네 원숭이 보듯 물끄러미 바라보는 그 상황을 벗어나려고 무작정 해안가로 가는 길을 걸었다. 비포장도로에 들어설 때쯤 합리적인 요금을 건네는 오토바이 운전기사를 만났으니 고마웠다. 1시간이나 달려 마치 우리네 제주도(Jeju Island) 같은 해안가에서 지친 몸을 추스르기에 더할 나위 없이 좋았다.

파도치는 소리만 들릴 만큼 조용한 마을, 방갈로식 리조트에서 손에 닿을 만한 거리에 있는 쪽빛 바다. 언제라도 수영을 즐길 수 있고, 세끼 식사가 되는 숙박비치고는 착한 리조트. 사실, 경제적 어려움을 겪고 있었다. 저녁식사 자리에는 하와이(Hawaii)에서 서핑회사를 운영하면서 그 리조트 사장에게 서핑을 가르쳤던 미국인 중년남성과 퇴직 후 일본(Japan)에서 온천을 운영하며 취미로 바다낚시를 즐기는 단골손님 일본인 중년남성, 그의 친구가 함께했다. 저녁식사가 끝나고 리조트 사장이 보여준 서핑사진은 감탄사를 자아낸다. 우리나라에서 속눈썹이 긴 영화배우를 닮은 그는 인도네시아 서핑국가대표이기도 하다. 이튿날, 일본인 중년남성들은 도시락까지 챙겨서 먼바다로 바다낚시를 떠났고, 우리는 몇 달 전에 국제서핑대회가 있었던 보아해 변가로 떠났다. 그날 저녁, 싱싱한 생선회(일본인 중년들이 잡아온 생선)가 상에 올라왔다. 오래도록 못 잊을 그 감칠맛.

▶ 파란 산호초 해변으로 인도네시아에서 휴양지로 유명한 롯데

▶ 국제서핑대회가 열렸던 보아 해변

▶ 우리네 제주도와 같은 롯데 섬

점심 무렵, 쿠팡(Kupang)에 도착. 롯데 섬(Lote Island)에서 만난 한 여행자가 알려준 민박집은 쿠팡국영호텔(The Kupang National Hotel)보다도 훨씬 깨끗했고, 시설이 편리했다. 주인아저씨는 해안가에 있는 쿠팡국영호텔에서 일했었으나 경력에 비해 급여가 턱없이 적고, 미래를 꿈꿀 수가 없어서 떼걸고는 민박집을 차리게 되었단다. 숙소 앞에 있는 교회의 가름대에 걸터앉아 붉게 타는 바닷가를 바라보며 해거름을 사진기에 담고 있을 때 쿠팡 나루터에서 나를 속였던 그 얄궂은 10대 호객꾼을 다시 만났다. 원수는 외나무다리에서 만난다고 했던가.

민박집 가족들과 저녁식사를 같이 하면서 인도네시아(Indonesia)에 대해 많은 얘기를 나누었다. 주인아저씨는 중국계 인도네시아인들은 자기들끼리만 잘 살려고 할 뿐 쿠팡지역사회를 위해서 에움을 하지 않는다는 점과 인도네시아인은 이웃이 잘 되면 암상궂게 훼방을 놓는다며 씁쓸한 표정을 지었다. 말말결에 인도네시아(Indonesia)의 사회분위기도 읽어봤다.

그의 아내가 지역사회 반장(우리나라로 치면, 반상회)인데 관할지역주민은 여행을 가더라도 아내에게 반드시 신고를 해야 하고, 그런 아내는 관공서에 가서 신고를 해야 하는 제도가 있단다. 그의 아내는 결혼하면서 대학교 공부를 그만둔 것이 못내 아쉽다는 얘기, 교내영어발표대회에서 으뜸을 차지할 정도로 공부를 잘하는 딸은 드라마 '꽃보다

남자' 주인공들이 자기네 십 대들의 우상이고, 가수 비, 이효리, 원더
걸스, 2NE1의 인기도 하늘을 찌른다고 한다. 많은 얘기가 오가는 중
에 그들의 웃음소리 또한 기억에 남는다.

　다음 날 아침, 칼라바히(Kalabahi)행 페리를 타려고 나루터로 나갔지
만, 보름 전에 기기가 고장나서 하루 뒤에 떠난단다. 이튿날, 표를 사
서 페리를 타러 들어가는데 한 현지인 청년이 말을 걸어온다. 그는
욕야카르타(Yogyakarta)의 명문대학교에서 일본어를 전공했고, 지금은
칼라바히 관광청에서 일하는 공무원이다. 인도네시아 공무원의 급여
가 생활하기에 턱없이 부족하여 일본어 과외를 겸한다고 한다. 멀미
가 심한 여동생 역시 명문대학교에서 국제관계학을 전공하고, 인도네
시아(Indonesia)와 동티모르(East Timor) 국경에 있는 이민국에 필기시험을
치르고 돌아가는 길이란다.

평온한 바닷가 마을, 칼라바히(Kalabahi)에서 며칠 동안 달콤한 휴식을 취하며 묵새긴다. 낡은 페리로 들어가는 길목부터 바닥에 자리를 깔고 누워 있는 손님들을 보며 조금 놀랐다. 방이 있으나 터무니없이 높은 가격을 부르니 그럴 수밖에 없었다. 나는 1층과 2층 사이에 있는 빈터에 배낭을 내려놓고 앞바다를 눈에 담으며 한숨 돌렸다. 바퀴벌레가 돌아다니는 바닥이나 딱딱한 플라스틱 자리에서 자야 한다니 께끄름하다. 불현듯 집이 그리워지고, 고생이 따로 없다는 생각이 든다. 인생에서 나쁜 것만 있지 않은 것처럼 여행도 마찬가지다. 비록 잠자리는 많이 힘들었지만, 해름으로 가득 찬 바다와 하늘, 수평선…… 거기에 내가 탄 배와 나란히 가는 돌고래 떼가 나를 달래준다.

다음 날, 아는 사람들만 아는 관광지 ‘클리무투 산(The Kalimutu Mountain)’으로 가는 길은 결코 쉽지 않았다. 굽이굽이 굽잇길에 쾌속 질주하는 운전기사. 읍내에서 2시간 걸려 모니(Moni) 두메산골 마을에 이르렀고, 길잡이 책에 나오는 오래된 민박집으로 갔다. 영어가 막힘없는 주인 아저씨는 그 동네의 국영호텔(The National Hotel)에서 일하다가 월급이 많지 않아 민박집을 차렸단다. 배낭을 내려놓고 물 흐르는 소리와 재잘거리는 어린이들의 목소리에 이끌려 간 곳은 숲 속의 자연산 폭포. 다이빙을 즐기는 동네 어린이들의 해맑은 웃음소리와 자유로움을 흐뭇하게 바라보며 잠시나마 그들의 순수한 세상으로 빠져본다.

▶ 자연폭포에서 다이빙을 즐기는 동네어린이들

산꼭대기의 해돋이를 보기 위해 새벽 5시에 일어나야 해서 간밤에 잠을 설쳤다. 오토바이 뒷자리에서 써느런 새벽바람을 맞으며 1시간 내내 달려 마침내 '클리무투국립공원(The Kelimutu National Park)'에 도착. 외국인차별요금을 지불하고는 조금 더 올라갔다. 오토바이에서 내려 운전기사에게 고맙다는 인사말을 전하기도 전에 현지인 남성이 다가오더니 느닷없이 "어디에서 왔냐?"고 물어서 당황스러웠다. 세 군데의 깊은 호수 앞에 서 있으려니 내 마음이 뜰먹거려진다.

지금의 연초록빛 호수색이 보랏빛으로 바뀌면 인도네시아(Indonesia)에 큰 재앙이 온다고 한다. 내 마음을 따뜻하게 해 주는 해돋이를 소록도 해변(Sorokdo Beach)에서 본 이후로 처음이다. 나는 호젓한 자리에 앉아서 눈부신 해오름을 물끄러미 바라보며 지금까지 책임여행을 얼

▶ 호수색이 변하면 국가에 재앙이 따른다는 클리무투 산

마나 잘하고 있는지 돌아봤다. 따사로운 아침 햇살을 받으며 마을까지 걷는 재미도 쏠쏠했다. 내려오는 길에는 밀림의 아름다움과 산새들의 지저귐, 밭일을 하다가도 '클리무투 산에 다녀오는 길이냐?'며 아침인사를 건네는 지역주민들이 반갑고, 정겹다.

▶ 주민들이 신성하게 여기는 클리무투 산의 해오름이 장관이다.

　인도네시아(Indonesia) 지도에 산만하게 뻗친 머리 모양처럼 생긴 섬, 스웰라쉬(Swelashi)로 들어가는 날. 마카사르(Macassar)에서 하룻밤 보내고, 귀에 익숙한 동네 바우바우(Bau Bau)행 페리에 올랐다. 완행 페리는 다음 날 늦은 오후에서야 바우바우(Bau Bau)에 닿았다. 섬 전체가 푸른 숲으로 뒤덮여 있고, 야트막한 언덕과 아기자기한 집들이 해안가를 따라 옹기종기 모여 있다. 시멘트 길을 걷는데 인터넷카페에서 흘러나오는 드라마 '꽃보다 남자'의 주제곡이 반가웠다.

▶ 인도네시아에서 여객선 일주를 즐기다.

이튿날, 버스정류장은 포장이 안 된 흙마당으로 질퍽거렸고, 상점도 없이 휑하기만 했다. 허름한 SUV(Sports Utility Vehicle)를 탔더니 시골로 들어가는 자동차인지라 손님보다도 보따리가 더 많았다. 오전 내내 달린 SUV는 갈림길에서 나를 내려주고는 휙 떠났다. 거듭거듭 걸어도 한글로 된 그 무엇도 찾을 수 없었다. 시도라도 했으니 그냥 돌아갈까 생각하다가 마지막으로 한 고등학교에 조심스레 들어갔더니 황갈색 제복(인도네시아의 교사들 유니폼)을 입은 선생님들이 몰려와서 나를 신기한 듯 바라보며 둘러싼다. 찌아찌아 마을(JiaJia Village)이 한글을 문자로 채택했다는 뉴스를 들은 적이 있다는 영어 선생님의 귀띔에 갑자기 힘이 솟았고, 짜릿함이 밀려왔다. 글뛴 마음을 도스르고 다시 길을 나섰다.

바우바우(Bau Bau) 읍내로 돌아가는 길에 있는 찌아찌아 마을 (JiaJia Village). 초등학교 앞에 내리자마자, 약간 틀린 한글로 써진 현수막이 눈에 띈다. 우리 한글을 문자로 채택했다고 발표한 신문기사에는 마을사진도 없었고, 찌아찌아 종족 혹은 부족으로 쓰였기에 나는 풀잎을 엮은 전통가옥과 족장제도의 원주민을 떠올렸었다. 덧붙여 우리나라에서 파견되어 한국어를 가르치는 자원활동가가 있을 것이라고 기대했었다. 그러나 그것은 나의 착각이었다.

▶ 한글수업 홍보현수막이 초등학교에 걸려 있다.

좁은 도로를 따라 인도네시아(Indonesia)에서 흔히 볼 수 있는 현대식 마을이 있었고, 중학교와 고등학교에서 영어를 가르치는 외국어 선생님이 한국어까지 전담하고 있었다. 그는 오토바이에 나를 태우고 조만간 코리아센터가 들어설 부지까지 안내해 주었다. 게다가 내가 들렀을 때는 바우바우(Bau Bau)의 시장이 우리나라 서울시청(Seoul City Hall)과 서울대학교(The Seoul National University)로부터 뒷받침을 받으려고 수행원과 함께 한국행을 준비하고 있었다. 희망에 가득 찬 그의 목소리가 좋았다. 한국어 수출과 더불어 두 나라 사이에 문화교류 및 관광사업도 이루어졌으면 좋겠다.

▶ 코리아센터가 들어설 예정이었던 부지가 있다.

여기서 잠깐!

2011년 10월 9일 한글날에 맞춰 보도된 신문기사에 의하면, 한 민간단체가 바우바우(Bau Bau) 시에 한국문화관(코리아센터) 건립 등 경제적 지원을 약속했으나 이행하지 않았고 서울시에서는 교육은 관련업무가 아니라면서 인도네시아(Indonesia) 정부와의 외교문제 등을 돌리며 무관심으로 일관했다고 한다.

타나토라자(Tana Toraja)행 버스에 배낭을 실었다. 버스는 어두워질 때까지 달리고 달려 목적지에 도착했다. 발리(Bali) 느낌이 나는 독특한 내부와 아기자기한 정원이 있는 그 호텔은 예약제이지만, 감사하게도 나를 위한 빈방이 있었다. 다음 날 아침, 산 중턱에 자욱하게 깔린 안개가 멋스러움을 더했고, 시원한 아침 공기를 마시며 타나토라자(Tana Toraja) 읍내를 거닐었다. 내 눈에 가장 먼저 들어오는 것은 소뿔처럼 생긴 전통가옥 통코난(Tongkonan). 이것은 관공서, 호텔, 레스토랑 등 곳곳에서 볼 수 있었다. 무슬림국가 인도네시아(Indonesia) 속에 있고, 조상숭배와 애니미즘이 섞인 것이 토라자(Toraja)의 전통문화이다. 도리어 일요일 아침에 성경책을 들고 교회 가는 모습과 아기자기한 교회 풍경이 이채롭고 평화롭다.

말레이시아(Malaysia) 사바 주(Saba State)가 있는 보르네오 섬(Borneo Island)으로 들어가는 페리가 술라웨시(Sulawesi) 팔레팔레(Pale Pale)에서 저녁나절에 있다. 그래서 타나토라자(Tana Toraja) 마을에서 적어도 점심때 떠나야 한다. 일정이 빠듯한 나는 호텔에서 타나토라자산 아침 커피를 즐긴 다음 길잡이와 얘기하여 오전에만 둘러보기로 했다. 길잡이에 의하면, 전통가옥 통코난(Tongkonan)은 토라자 선조들이 중국 윈난 성에서 건너올 때 탔던 배의 모양을 본떠서 만든 것이고, 지금도 전통을 지키며 그다음 세대가 살고 있단다. 마을 뒤에는 바람에 열렁열렁

하는 대나무 숲길을 따라 올라가면 창고처럼 생긴 무덤이 있다.

▶ 타나토라자는 이슬람교가 아닌 기독교 마을이자 커피 마을이다.

▶ 중국 운난에서 타고 온 배 모양의 전통가옥

▶ 무덤가에 죽은 자의 모습을 닮은 둔 인형, 타우타우

돌아가신 분의 생존 모습을 인형으로 만든 '타우타우(Tau Tau)'가 높다랗게 걸려 있고, 무덤 주변에는 멋들어지게 꾸민 커다란 화환을 비롯하여 죽은 자가 평소에 즐겼던 음식과 담배, 술 등이 놓여 있다. 몇 발자국 떨어진 곳에 자리한 바위에는 나무로 짠 오래된 관이 걸려 있는데, 바위에 높이 걸려 있을수록 그 가족의 부를 상징한단다. 세월의 무게만큼이나 무거웠던지 바닥에는 떨어진 관과 뼈가 널려 있다. 타나토라자(Tana Toraja)에서 유명한 것 중 하나는 우리네 행상같은 장례식과 소를 잡는 광경이다.

내가 방문하고 싶었던 타나토라자(Tana Toraja)를 시리에 대충 훑고 가는 것이 무척 아쉬웠지만, 저녁 7시에 출발하는 페리 시간에 맞춰야 하는지라 서둘러야만 했다. 30분 늦게 떠나는 시외버스 때문에 조릿조릿했고, 간신히 시간에 맞춰 팔레팔레(Pale Pale)에 도착했으나 그 페리가 밤 10시에 들어온다는 말에 순간 다리에 맥이 풀렸다. 같은 섬에 있는 도시 사이에도 이렇게 서로 막혀 있다니…… 새벽 1시가 되어서야 움직이기 시작한 보르네오 섬행 페리에는 일등실의 좁은 통로까지 손님들로 그득했다. 또 인원초과이다. 드디어 2박 3일의 긴 페리 여행을 끝내고 말레이시아(Malaysia) 사바 주(Saba State)로 들어가는 국경마을에 닿았다. 그렇지 않아도 궁금했었는데, 페리 안에서 그림자도 볼 수 없었던 두 명의 외국인 여성 여행자를 만났다. 일반실에서 지린내와 바퀴벌레, 비좁은 공간에서 보냈단다. 맙소사! 2박 3일을!

자카르타(Jakarta)에서 약속이 있던 나는 욕야카르타(Yogyakarta)에서 밤 기차를 탔다. 이튿날 새벽, 이슬람사원에서 꾸란 방송이 시끄럽게 울려나오는 시간에 맞춰 수마트라 섬(Sumatra)으로 들어가는 시외버스터미널로 갔다. 중국계 인도네시아인 여사장에게 VIP버스가 맞는지 재차 묻고 버스에 올랐다. 'VIP버스에 왜 자리가 많고 간격도 좁으며 손님들의 표정에서 삶의 고단함이 묻어 있을까!'라고 생각하며 좁은 빈자리에 앉았다. 지난밤에 설잤던 나는 바로 잠에 빠졌다.

버스는 자바 섬(Java Island)의 끝자락을 달리고 있었고, 창 너머로 내리쬐는 따뜻한 아침 햇살에 눈을 뜬 나는 앞에 앉은 승객의 표와 내 표를 보고 내가 탄 버스가 VIP버스가 아니란 걸 알게 되었다. 그 순간 너무 황당했고, 얄궂은 여사장 얼굴이 아른거렸다. 화가 나서 보조기사와 운전기사에게 앙칼스레 따졌더니 "문제 될 것이 없고, 팔렘방(Palembang)에 가서 두마이(Dumai)로 가면 된다"며 씨식잖게 여기면서 사탕발림만 잔뜩 늘어놓았다. 나는 2박 3일을 너무나 불편한 버스에서 밤을 지새울 수 없거니와 이미 VIP버스비를 지불했으니 나루터에서 내려달라고 표독스럽게 요구했다.

내가 제대로 당했다는 생각이 들어 표정이 씰그러졌다. 자카르타 외곽에서 다시 버스를 갈아타는 등 어렵사리 찾은 버스회사. 여사장은 뜻밖에 환한 미소로 나를 반겨주었고, 내가 두마이(Dumai)에 잘 갈

수 있도록 해결해주었으나 미안하다는 말은 없었다. 저녁에 출발한 버스에 오르자마자 자리에 누워 내리 잠만 잤다. 산소부족과 식사를 제대로 못 해서 두통이 생겼고, 몸이 아릿거렸다. 셋째 날, 버스 기사는 두마이(Dumai)에 들어가는 길목에서 나를 내려주었다.

욕야카르타(Yogyakarta)부터 너무나 무리하게 움직였더니 깨어 있어야 할 정신이 점점 환각상태로 변하고, 그 시간을 통째로 편집 당한 듯 옹송망송했다. 흐리터분해지면서 내 기억도 사라지고, 사진기도 사라졌다. 메단(Medan)에 있는 아동 성 착취 근절을 위한 비정부단체(Ecpat Indonesia)를 방문하기 위해 밤 버스를 탔고, 소지품을 확인했을 때는 사진기가 없었다. 다음 날 아침, 메단(Medan)에서도 내내 잃어버린 사진기 생각뿐이었다. 빵집에 들러 방문선물을 준비해서 비정부단체(NGO)를 들러 담당자와 많은 이야기를 나누었다. 다음 날 새벽 5시, 두마이(Dumai)로 돌아온 나는 잃어버린 사진기를 찾아 지난날 나의 자취를 그대로 밟아봤지만 헛수고였다. 이번 실수를 거울삼아 조금 더 야무져야겠다는 생각을 했다.

동티모르 East Timor

국가기초정보

공식명칭 : 동티모르민주공화국(Democratic Republic of Timor-Leste)

위치 : 말레이 열도의 티모르 섬 동반부

면적 : 14,609㎢(우리나라의 강원도 크기)

인구 : 약 11만 명(2008년 말 기준)

수도 : 딜리(Dili)

정체 : 공화제(이원집정부제), 단원제

언어 : 포르투칼어, 테툼어

인종 : 테툼족 40%, 말레이족 및 파푸안족 계통, 기타 32개 종족

종교 : 가톨릭 80.3%, 개신교 18.0%, 이슬람교 0.3%, 불교 0.05%, 힌
두교 0.02%, 기타

날씨 : 열대와 아열대의 중간으로 연평균 27~30도이다. 우기(11월~

4월)와 건기(5월~10월)로 구분된다

비자 : 관광비자가 있어야 한다.

시차 : 경도가 우리나라와 거의 비슷하여 시차가 없다.

통화 : 미국달러(US$)

체험물가 : 생수(1L) 1US$, 대체적으로 인터넷 속도가 느린 편이다.

　　　　* 2009년도에 저자가 여행했던 당시의 물가이다.

음식 : 전통음식을 찾기가 어렵다.

국기 : 바탕의 주홍색은 국가독립을 위한 투쟁을, 금 노랑색은 국
　　　가의 부를, 별은 밝은 미래로 인도하는 빛을 상징, 검정색은
　　　극복해야 할 장애를 상징하며 별의 흰색은 평화를 상징한다.

● 자료 출처 : 주동티모르대한민국대사관 www.tls.mofat.go.kr

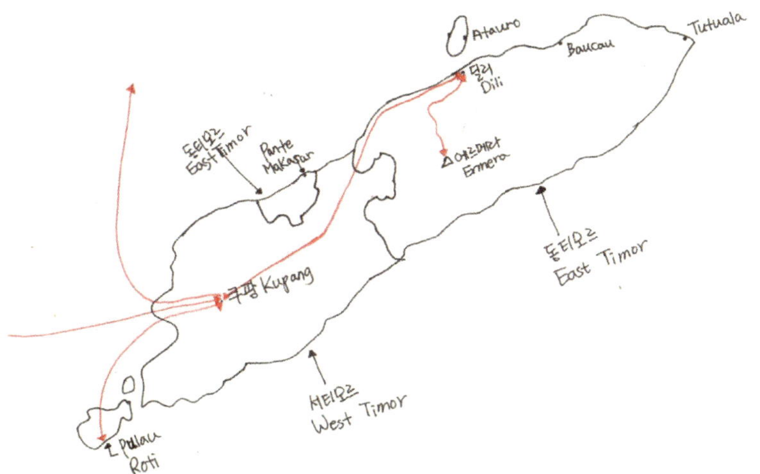

인도네시아 쿠팡Kupang → 동티모르 딜리Dili → 에르메라Ermera → 인도
네시아 쿠팡Kupang

동티모르(East Timor)의 이민국은 조립식 작은 건물로 시설이 매우 열악하다. 차례를 지키려는 줄이 따로 없고, 얼굴만 보일 만큼의 작은 창구에 여권을 밀어 넣는 사람이 먼저였다. 컴퓨터자동시스템이 없는 이민국에서 여권에다가 머물 날짜를 손으로 적어준다. 시원하게 파도치는 해안가를 따라 지그재그형 도로의 왼쪽은 낭떠러지였고, 가름대가 없어서 위험했다. 운전기사가 딴생각을 하거나 졸음운전을 하는 경우에는 사고가 날 가능성이 크다.

인도네시아(Indonesia) 쿠팡(Kupang)에서 아침부터 달린 작은 버스는 어슬녘에 동티모르(East Timor)의 수도 딜리(Dili)에 도착했다. 저 멀리 해안가에서도 어슴푸레 보이는 언덕에는 1988년 교황 방문 시기에 맞춰 인도네시아 정부가 세웠다는 예수그리스도상(Je sus Statue)이 두 팔을 벌려 나그네를 환영해준다. 같은 버스에서 만난 유엔 직원은 다른 호텔들은 해안가에 있고, 유엔 직원이나 국제비정부단체의 직원들이 차지하고 있어서 빈방이 없을뿐더러 꽤 비싸다며 딜리(Dili)에 하나뿐인 게스트하우스를 소개시켜주었다.

▶ 육로를 통해 동티모르 딜리로 들어가는 해변

일반 가정집을 개조한 게스트하우스에는 전날까지만 해도 빈방이 없었단다. 같은 게스트하우스에서 한국인 여행자를 만나다니 반갑고 놀랍다. 나는 배낭을 내려놓고 허기진 배를 채우려고 같은 공간에 있는 인도레스토랑에서 우리네 죽과 비슷한 인도음식과 우유를 넣은 차를 주문했다. 미국달러(US$)를 지불하고 환율을 계산해보니, 인도네시아(Indonesia)보다 두 배나 비쌌다.

이튿날, 아침부터 뜨겁게 내리쬐는 동티모르(East Timor)의 태양. 같은 게스트하우스에서 머물던 한국인 중년 부부는 동티모르 끝에 있는 해안가로 떠났고, 아르헨티나인 중년남성은 지도판매를 위해 정부 관계자를 만나러 나갔다. 겉으로 보기에는 평화롭지만, 아직까지도 내란의 여지가 있다고 하여 나는 해안가를 바라보고 있는 우리나라 대사관부터 방문했다. 동티모르(East Timor)에서는 애오라지 장기여행자나 한국교민들만이 보호받고 일반단기여행자를 위한 신청(접수)제도

▶ 딜리의 낮은 평화롭지만, 밤에는 위험이 도사리고 있다.

가 없다면서 사건발생에 대비하여 명함만 손에 쥐어준다.

해안가 도로를 조금 걷다가 인도네시아대사관(The Indonesia Embassy)으로 갔다. 인도네시아대사관에서는 비자신청서류에 들어갈 증명사진 밑바탕이 반드시 빨간색이어야 하고, 하루에 50명의 서류만 접수할 수 있다. 서류접수만 하는데도 3일이 걸리고, 비자비도 비싼 편이었다. 여행자들 대부분은 정보가 없어서 바람 한 점 없는 후더분 날씨에 인도네시아대사관을 여러 번 방문해야 한다. 그래서 여행자들 사이에서는 '인도네시아대사관 패키지관광'으로 부른다.

지나가는 개도 할할거릴 정도로 푹푹 찌는 동티모르(East Timor)의 태양을 피해 게스트하우스로 돌아왔더니 수돗물이 졸졸졸 흐르고 남자 주인의 얼굴이 어둡다. 그날 오후, 느지막이 뜨거운 아스팔트 도로를 걸어 중국계 싱가포르인이 운영하는 큰 가게에 들렀는데 진열되어 있는 우리나라 라면이 굉장히 반가웠다. 물자를 공급받는 것이 쉽지 않은지라 진열대에는 텅 빈 곳이 많았다. 동티모르(East Timor)만의 음식이 개발되지 않아서 동티모르유엔경찰국 건너에 필리핀(The Philippines) 뷔페식 음식점을 찾은 그곳에는 필리핀 정부에서 파견된 경찰과 국제기구 직원들이 많았다.

돌아가는 길에 택시를 타려고 가격협상을 하는데 외국인이라고 곱절로 부르는 택시 기사들. 그래도 큰길은 외가닥 길이라서 빙빙 돌아가는 에움길 없음에 나를 다독였다. 문짝은 부서지고, 운전석에 있는 녹슨 기기가 훤히 보일 정도로 낡은 택시가 굴러가는 게 용했다. 바다에 자원이 풍부한 동티모르(East Timor). 바다가 육지라면 얼마나 좋을까!

　　다음 날, 동티모르인들의 아픔이 서려 있는 '산타크루즈 공동묘지(The Santa Cruz Cemetery)'와 어린이·여성들의 교육 및 자립을 위한 비정부단체인 '알로라재단(The Alola Foundation)'에 들렀다. 1991년 11월 12일, '산타크루즈 공동묘지'에서 독립투쟁을 위해 목숨을 바친 동티모르 젊은이들을 기리는 추모객을 향해 인도네시아군이 대량학살을 했던 장소이고, 이 사건을 계기로 동티모르(East Timor)가 국제사회에 알려지게 되었단다. 알로라재단은 전 대통령 사나나 구스마오(Xanana Gusmao)의 호주인 아내가 설립한 비정부단체(NGO)이고, 지금은 현지인들의 자립촉진을 위해 현지인 책임자를 두었다. 단체 안에는 우리나라의

▶ 구스마오 전 대통령의 집을 손보아 박물관으로 만들다.

한국국제협력단(KOICA, 코이카)과 경기도의 한뜻으로 설립된 직업훈련 센터가 있다. 현지인 여성들이 직접 만든 공예품과 동티모르산 커피가 마련되어 있다.

▶ 인도네시아군인에 의한 대량학살이 있었다.

동티모르(East Timor)의 수도 딜리(Dili)와 가까운 곳에 커피농장이 있다. 유엔관련기구와 난민촌 구역을 지나 시외버스정류장에서 작은 버스를 탔다. 정해진 출발시각 없이 사람들이 모두 모여 빈자리가 없으면 떠나는 것이 이곳의 불문율. 구불거리는 굽잇길에다가 낭떠러지였는데도 젊은 운전기사는 귀청이 찢어질 정도로 인도네시아(Indonesia) 대중가요를 크게 틀고는 쾌속질주를 한다. 어깨도 아프고, 뒷목이 뻣뻣해지면서 피곤함이 곱절로 밀려왔다. 이번에는 호주(Australia) 군부대가 있는 마을에서 다른 작은 버스를 갈아타고 깊은 산 속으로 들어갔다. 늦은 오후에서야 에르메라(Ermera) 산골 마을에 도착했다.

내가 생각했던 커피농장과 전혀 다르게 비탈진 곳에 헤뜨려져 있는 야생커피농장. 영어와 중국어, 인도네시아어가 막힘없는 중국계 말레이시아인 선교사에 의하면, 에르메라(Ermera)가 커피로 알려지면서 커피나무를 갖고 있는 지역주민들의 주머니가 두둑해졌으나 그 돈을 가족묘를 꾸미는 데 옴팡지게 쓰느라 가난을 못 벗어난다고 한다. 이것이 바로 '빈곤의 악순환'. 덩그렇게 빈 가족묘에는 십자가만 있다. 우리는 가파른 오솔길을 따라 초등학교로 내려갔다. 주말이라서 학생들의 재잘거림은 들을 수 없었다. 선교사는 오래전에 사용했을 법한 학교 우물의 뚜껑을 제치고는 동티모르(East Timor) 정부의 지역사회개발 중 목돈을 들여 만든 우물과 집 손보는데 지원하는 사업을 마뜩잖아 했다. 이튿날, 게스트하우스에서 아침 커피를 마시며 유

▶ 물이 턱없이 부족한 커피산골 마을, 에르메라

엔(The United Nations)의 동티모르 공식통계자료를 뒤적거렸다. 그 자료에는 어제 내가 다녀온 에르메라(Ermera)는 상하수도시설, 교육수준, 학교 개수 등 많은 면에서 가장 뒤떨어진 곳으로 나왔다.

동티모르(East Timor)에서 많은 지역을 두루 살피지는 않았지만, 다붓한 일상을 만났던 나라이다. 딜리(Dili) 스타디움(Stadium)과 해안가에서 만난 우리 영화 '맨발의 꿈'이 한창 촬영 중이었다. 같은 게스트하우스에서 만난 한국인 중년 부부, 아르헨티나인 중년남성, 고된 활동으로 지친 자신에게 에움이 필요하다고 누차 얘기하던 같은 방의 호주인 여성자원활동가, 인도네시아(Indonesia) 비자를 신청할 때 도와준 파푸아뉴기니인 중년남성과 환한 미소의 호주인 남성이 새록새록 떠올랐다.

뒤미처 맛있는 인도음식을 함께 하며 중국 여성들이 취업 꼬임으로 인신매매 당하여 딜리 섹스촌으로 들어온 상황을 알려준 유엔(The United Nations) 직원, 인도네시아(Indonesia)에 거점을 두고 동티모르(East Timor)에서 참치사업을 하면서 사람이 그리워 한국인 여행자들에게 식사를 대접하는 한국인 사업가, 커피농장이 있는 에르메르 산골 마을에서 만난 중국계 말레이시아인 선교사도 아른거렸다. 그동안 만났던

▶ 찌싫는 더위 속에 우리 영화 '맨발의 꿈'이 한창 촬영 중이었다.

다양한 사람에게서 느낀 동티모르(East Timor)의 풍요로움을 내 마음속
에 아로새기는 것은 참으로 보배롭다.

브루나이 Brunei

공식명칭 : 브루나이 다루살람(Brunei Darussalam, 평화가 깃드는 살기 좋은 나라)

위치 : 보르네오 섬 북서 해안

면적 : 5,770㎢(제주도의 약 3배)

인구 : 약 40만 6,200명(2009년 기준)

수도 : 반다르스리브가완(Bandar Seri Begawan, BSB)

정체 : 군주제, 현 국광 29대 술탄 하시날 볼키아(Sultan Haji Hassanal Bolkiah)

언어 : 말레이어, 영어

인종 : 말레이계 67%, 중국계 15%, 토속인종 6%, 기타 12%

종교 : 이슬람교 63%(국교), 불교 14%, 기독교 8%, 토착신앙 및 기타 15%

날씨 : 고온다습한 열대성 기후, 60~97%의 높은 습도를 유지하며 25~30도 사이의 일정한 온도를 유지한다.

비자 : 비자 없이 30일까지 체류 가능하다.

시차 : 한국보다 1시간 늦다.

통화 : 브루나이 달러(B$) (싱가포르 달러 S$도 사용된다.)

체험물가 : 생수(1L) B$1

　　　　* 2010년도에 저자가 여행했던 당시의 체험물가이다.

음식 : 나시르막(Nasi Lemak), 미고랭(Mee Goreng), 나시고랭(Nasi Goreng), 아얌고랭(Ayam Goreng), 깡꿍(Kangkung) 등

국기 : 황색은 국왕 술탄을 나타내고, 흑색과 백색은 술탄을 보좌하는 두 대신을 나타낸다. 중앙에 있는 문양에서 깃발은 왕권의 표상을, 왕실우산은 왕권의 고귀함을, 4개의 깃털은 각각 정의·평온·번영·평화의 보호를, 손은 복지·평화 그리고 번영에 대한 정부의 서약을, 초승달 모양은 브루나이 다루살람의 국교인 이슬람교의 상징을 나타낸다.

● 자료 출처 : 브루나이관광청한국사무소 www.brunei.or.kr

1. 말레이시아 무아라Muara → 코타키나발루Kota Kinabalu → 브루나이 반다르스리브가완Bandar Seri Begwan → 콸라벨라잇Kuala Belait → 말레이시아 미리Miri

2. 말레이시아 림방Rimbang → 브루나이 템부롱Temburong → 말레이시아 림방Rimbang

　이슬람국가인 브루나이(Brunei)와 말레이시아(Malaysia), 인도네시아(Indonesia)에서 한여름의 크리스마스와 연말연시의 축복인사가 솔직히 신 나지 않았다. 브루나이 반다르스리브가완(Bandar Seri Begawan)으로 가는 방법은 두 가지가 있다. 말레이시아 코타키나발루(Kota Kinabalu)에서 직행버스를 타거나 말레이시아 림방(Rimbang)에서 배를 타는 것이다. 나는 흙빛을 헤가르며 달리는 스피드 배를 타고 브루나이(Burnei)로 들어갔다. 흙빛 강물과 녹색 밀림은 좋은 어울림. 개어귀에 도착하자 드

넓고 시푸른 바다가 내 마음을 시원스레 뚫어준다. 오후에 닿은 브루나이(Burnei) 나루터에서 반다르스리브가완(Bandar Seri Begawan)으로 들어가는 공공버스를 탔다. 운전기사는 거스름돈을 싱가포르(Singapore) 지폐로 주면서 브루나이(Burnei)와 싱가포르(Singapore) 두 나라 사이에 화폐공용제도가 있다고 한다.

1시간 후 반다르스리브가완(Bandar Seri Begawan)에 도착하자마자 국립박물관(The National Museum)행 버스에 올랐다. 여태껏 다니면서 국립박물관의 입장료가 없는 나라는 처음이다. 박물관에는 이슬람국가답게 그들의 삶과 종교(이슬람교)를 중심으로 그리고 동남아시아를 아우르고 싶은 현대사를 힘찬 분위기로 마련되어 있었다. 서서히 어둠이 깔리고, 선선한 저녁바람을 맞으며 한갓지게 도시를 걸어본다. 저녁나절, 반다르스리브가완은 은은하고, 우아한 분위기를 빛냈다. 브루나이를 대표하는 아름답고 화려한 이슬람사원인 '술탄 오마르 알리 사이푸딘 모스크(Sultan Omar Ali Saifuddin Mosque)'와 독특하고 세련된 백화점도 한몫했다. 바로 옆에는 나무 조각을 하나하나씩 늘려서 만든 외나무다리가 쭉 이어진 곳으로 서민들이 사는 세계 최대의 수상마을인 '캄퐁 아에르(Kampong Ayer)'가 있다.

다음 날 아침, 호텔 근처를 돌아다녔다. 호텔 옆의 작은 구름다리 건너에는 아침 재래시장이 열렸는데 상인들은 주로 중국계 브루나이인이었고, 다문화 음식코너가 있는 빌딩에는 인도사람과 필리핀사람들이 식당을 운영하고 있었다. 석유로 부강해진 브루나이(Burnei)는 오래 전부터 이주민노동자를 받아들이면서 더더욱 다민족국가가 되었다.

▶ 술탄 오마르 알리 사이푸딘 사원의 야경이 매혹적이다.

　3일째 되는 날, 반다르스리브가완(Bandar Seri Begawan)은 유유히 흐르는 흙빛의 브루나이 강(The Brunei River) 건너 캄퐁 아에르(Kampong Ayer)로 바쁘게 오가는 해상택시가 있다. 수상가옥 서민들의 발이 되는 해상택시를 타고 가까운 수상마을로 들어갔다. 밤에는 수상마을이 어슴푸레한 가로등 불빛 아래에 수수함을 풍기더니 낮에는 드다른 쓰레기장이었다. 인도계 브루나이인이 운영하는 구멍가게에서 아침 커피를 즐겨보고, 나무다리도 걸었다. 수상마을인 캄퐁 아에르(Kampong Ayer)에는 일자형의 학교와 관공서, 화려하지 않은 이슬람사원, 전날 밤 꼬치를 팔았던 식당, 구멍가게 등 있을 것은 다 있었다. 쓰레기만 없었더라면 이색 풍경으로 오래도록 기억에 남았을 수상마을 캄퐁 아에르.

24시간 가동되는 석유채취기 '노딩동키(Nodding Donkeys)'가 있는 세리아(Seria)를 지나 브루나이(Brunei) 제2의 도시로 향했다. 유전개발로 브루나이 전체의 경제를 떠받치고 있는 콸라벨라잇(Kuala Belait)에는 착한 요금의 호텔을 구하기 어려워서 일반인도 이용할 수 있는 브루나이공무원호스텔로 갔다. 직원은 빈방이 없다면서 나그네를 위한 노천호텔(호스텔 뒤에 있는 해안가에서 하룻밤을 지새우는 낭만적인 호텔)을 알려주었다. 배낭만 호텔에 맡기고는 물안개가 피어오르는 해안가로 냉큼 달려갔다. 해안가를 따라 뛰는 사람들, 물놀이를 즐기는 가족들, 나처럼 호젓하게 걷는 사람들. 저 멀리 수평선에는 유전개발이 한창이었다. 폭신한 모래사장에 누워 같은 리듬의 파도소리를 노래 삼고 밤하늘에 송송히 떠 있는 별을 이불 삼아 하룻밤을 특별하게 보냈다. 앗, 모기만 아니었더라면 더 좋았을 것을…….

다음 날 아침, 문을 일찍 연 작은 식당에서 아침 커피와 찰밥으로 만든 중국식 음식으로 속을 든든하게 채우고는 말레이시아(Malaysia) 미리(Miri)행 버스에 올랐다. 나에게 인사를 건네는 중국계 말레이시아인 중년여성은 브루나이(Brunei)에서 일을 하다가 미리에 있는 남편과 아들을 만나러 가는 길이라고 한다. 드디어 말레이시아(Malaysia)와의 국경에 이르렀다. 국경이라고 해서 철조망이나 높은 담벼락으로 경계태세를 하지 않아서 마음이 편안했다.

▶ 브루나이는 석유왕국이다. 세리아 지역의 24시간 석유채취기

말레이시아(Malaysia) 미리(Miri)에서 림방(Rimbang)으로 들어간 나는 브루나이(Brunei)의 또 다른 영토인 템부롱(Temburong)에 들어갈 생각이었다. 림방에서 템부롱까지 공공버스가 없어서 시리에 말레이시아 사바주(Malaysia Sabah)로 들어가는 버스에 올랐다. 말레이시아 버스회사와 브루나이 정부 사이에 맺은 한뜻으로 브루나이(Brunei)를 지날 때 손님이 내려서는 안 된다. 나는 브루나이(Brunei) 국경까지만 국제버스를 타고는 비자수속을 끝낸 후 트래킹을 할 계획이었다. 그러나 고맙게도 버스운전기사가 지나가는 자동차를 잡아줘서 템부롱 중심가까지 시부저기 들어갈 수 있었다.

쭉 뻗은 도로를 달려 템부롱 중심가에 도착. YMCA 숙소는 이미 꽉 찼고, 공무원호스텔은 시설에 비해 요금이 비싸서 관광정보센터에 들러 '에코투어리즘(The Eco-tourism)'에 도전했다. 밀림 속 캠프장에서 하룻밤 보내기. 부슬부슬 내리는 이슬비를 맞으며 숲으로 들어가자, 밀림의 공기부터가 달랐다. 건기라서 강에는 물이 별로 없었지만, 우기(단체여행 성수기)에는 여러 가지 물놀이와 캠핑을 할 수 있어서 주로 의초로운 어울림을 위해 학교와 회사에서 많이 찾는다고 한다. 방명록에는 한국인 여행자들의 자취도 몇 군데 있었다. 직원들은 모두 퇴근하고 나만 원두막에 있는 야영 텐트에서 자연과 하룻밤을 보냈다. 풀벌레 소리, 강물 흐르는 소리, 이따금 원두막 천장에서 갑자기 뚝뚝 떨어지는 소리만 들릴 뿐. 위대한 자연과 나.

10

싱가포르 Singapore

공식명칭 : 싱가포르공화국(The Republic of Singapore)

위치 : 말레이 반도 최남단 섬

면적 : 697.2㎢

인구 : 약 484만 명(2008년 기준)

수도 : 싱가포르(Singapore)

정체 : 의원내각제

언어 : 중국어, 영어, 말레이어, 타밀어

인종 : 중국계 74.7%, 말레이계 13.6%, 인도계 8.9%, 기타 2.8%

종교 : 불교·도교 51%, 이슬람교 14.9%, 기독교 14.6%, 힌두교
　　　 4.0%

날씨 : 고온다습한 열대성 기후, 평균기온 23~31도, 평균습도 70%

비자 : 비자 없이 90일 체류 가능하다.

시차 : 한국보다 2시간 늦다.

통화 : 싱가포르 달러(S$) (브루나이 달러B$도 사용된다.)

체험물가 : 생수(1L) 1S$

    * 2010년도에 저자가 여행했던 당시의 체험물가이다.

음식 : 하이난 식 닭고기밥(Chicken Rice), 사테이(Satay), 락사(Laksa), 차
콰이테오(Char Kway Teow), 카야토스트(Kaya Toast) 등

국기 : 빨간색은 우호와 평등을, 흰색은 순수와 미덕을 나타낸다.
초승달은 나라의 발전을, 5개의 별은 민주·평화·진보·
정의·평등의 5원칙을 뜻한다.

말레이시아 조호르바루Johor Bahur ⟶ 싱가포르Singapore ⟶ 말레이시아 조호르바루Johor Bahur

　인도네시아(Indonesia)의 수마트라 섬(Sumatra)에 있는 두마이(Dumai)에서 스피드 배를 타고 늦은 오후에 말레이시아(Malaysia) 말라카(Malacca)를 들렀다. 다시 싱가포르(Singapore)로 들어갈 채비를 했다. 내가 그토록 가 보고 싶었던 싱가포르(Singapore)가 눈앞에 있다. 늦은 시각인데도 싱가포르(Singapore)의 이민국 직원들은 밝은 미소와 부드러운 태도로 맞이해준다. 이민국을 빠져나온 나는 지도를 들고 시내로 들어가는 버스에 올랐다. 서남아시아계 싱가포르인 운전기사는 내가 초행자임을 눈치채고 친절하게 안내해주었다.

● 사진 기부 : 윤병곤
▶ 별보다 더 송송히 빛나는 싱가포르

인도계 싱가포르인들의 밀집지역인 '리틀 인디아(Little India)'에서 게스트하우스를 어렵사리 찾았다. 싱가포르(Singapore)와 브루나이(Brunei)는 화폐공용이기에 브루나이 지폐를 내밀었는데 중국계 싱가포르인 여직원이 받지 않는다. 어찌할 바를 몰랐다.

창이 없는 어두컴컴한 방. 옆 침대에는 몸집이 작은 아시아 여성이 자고 있다. 그녀를 방해할 수 없어서 큰 배낭을 내려놓고는 끼니도 거른 채 단잠에 들었다. 나는 자다가 헛헛함을 느껴 한밤중에 일어났는데 옆 침대에서 자고 있던 그녀가 나갈 채비를 하고 있었다. 그녀는 일반 여행자가 아님을 느낄 수 있었다.

다음 날 오전, 싱가포르(Singapore)를 알 수 있는 국립박물관(The National Museum)과 중국인들이 많이 찾는 리콴유 박물관(The Lee Qwan Lu Museum)을 방문했다. 나의 눈길을 끈 것은 오로지 싱가포르(Singapore)의 이주역사였다. 그들의 이주역사는 박물관뿐만 아니라 옛사람들이 살았던 곳으로 차이나타운의 골목마다 안내판이 있다. 오래된 이층집들은 그대로 상점이나 식당, 여관 등으로 쓰이는 곳이 많았다. 16세기에 쿨리(중국인 노동자들)를 따라온 중국여성들이 머물렀던 사창가 자리에는 중국풍이 짙은 관광상품을 파는 시장으로 옛날과 다르게 변화한 모습이었다. 영국(The United Kingdom)의 식민지정책에 의해 1820년대부터 싱가포르(Singapore)에 들어온 인도인들의 고단했던 삶도 기록되어 있다.

● 사진 기부 : 윤병곤
▶ 녹록지 않았던 이주의 역사가 고스란히 남아 있다.

차이나타운을 뒤로하고 머라이언 공원(The Merlion Park)으로 발길을 돌렸다. 싱가포르(Singapore)의 상징인 머라이언상(The Merlion Statue)이 있다. 그러나 잡지나 TV에서 보던 화려한 머라이언상은 온데간데없다.

내 기대가 컸던 것이다. 2002년 마리나 베이로 옮겨진 머라이언상 주변에는 관광객들로 넘쳐났고, 레스토랑과 다국적기업의 커피숍이 분위기를 한껏 살려주고 있었다. 거대한 머라이언상을 보고 싶다면 센토사(Sentosa) 지역에 있는 복제품 머라이언 타워(The Merlion Tower)가 있다고 한다. 이 외에도 싱가포르의 밤 경치를 즐길 수 있는 보트 키(Boat Quay), 1859년에 개장하여 시민의 쉼터이자 학생들의 체험학습장인 영국식 식물원(The Botanic Garden), 훗훗한 날씨를 피해 선선한 맞바람을 즐길 수 있는 국립도서관(The National Library)의 작은 빈터, 영어판 사회과학분야 책이 빼곡한 도서관에도 내 발자국을 남겨본다.

다른 문화권에서 일하기를 원했던 길벗, 지영이는 싱가포르(Singapore)에서 취업면접을 보게 되었다. 하루에 면접을 두 번 본 그녀와 또 다른 길벗인 중국계 싱가포르인 조셉과 한국 음식을 먹으니 기분이 좋아졌다. 뒤미처 분위기가 좋은 베트남 커피숍의 바깥 테이블에 앉아 똑똑 떨어지는 베트남 커피를 바라보며 이야기는 계속되었다. 동남아시아 여행기와 싱가포르 군대, 섹스촌, 그리고 이상한 싱가포르(Singapore)의 법도 빼놓지 않았다. 이를 테면, 거리에서 껌을 씹어도 되지만 뱉으면 법에 걸리는 것, 금연표시가 되어 있는 테이블에 앉아서 담배를 피우면 안 되지만 그 자리에 서서 피우는 건 된다는 법 등.

내가 아시아의 아동 성 관광 근절에 관심이 많다고 하자, 싱가포르인 친구는 합법적인 섹스촌으로 우리를 안내했다. 그곳은 주말이 아니라서 한산했다. 번지수처럼 번호가 있는 집은 정부로부터 승인받은 합법적인 곳이고, 길거리에서 유혹의 손길을 보내는 여성들은 불법이라고 한다. 성매매사업을 하는 가게 앞에는 삶에 찌들고 강팔진 얼굴의 중년남성들이 마작을 하고 있다. 불그스레한 불빛이 새어나오는 가게에 허리에 번호표가 붙어 있는 여인들이 앉아 있었다. 우리가 울레줄레 거리를 걷는데 술에 취한 한 서양인 중년남성이 긴 생머리의 여인과 얘기를 잠깐 나누고는 둘이 어두운 골목길로 발걸음을 나란히 했다. 싱가포르(Singapore)의 섹스산업 관련 책에 의하면, 낮에는 회사원이지만 밤에는 거리에서 프리랜서(불법) 성매매를 하는 여성들이 이따금 있다고 한다. 게다가 싱가포르(Singapore)는 성매매(성 관광)를 위한 인신매매 중간국가이자 도착국가로도 알려져 있다.

● 사진 기부 : 윤병곤
▶ 거리의 카페가 많은 싱가포르의 모습

11

중국 China

공식명칭 : 중화인민공화국(The People's Republic of China)

위치 : 아시아 동부

면적 : 9,572,900㎢

인구 : 약 13억 7,053만 명(2010년 말 기준)

수도 : 베이징(Beijing)

정체 : 인민공화제, 일당제

언어 : 중국어

인종 : 한족 94%, 55개 소수민족 6%

종교 : 불교, 도교, 이슬람교 등

날씨 : 국토가 넓고 기후도 다양하다.

비자 : 관광비자(30일)가 있어야 한다.

시차 : 한국보다 1시간 늦다.

통화 : 위안(元, Yuan)

체험물가 : 생수(1L) 3~4위안, 인터넷(1시간) 6~8위안(지역별로 차이가 크다)
  * 2010년도에 저자가 여행했던 당시의 체험물가이다.

음식 : 중국요리는 북경요리, 상해요리, 사천요리, 광동요리 등 4대
  계통으로 분류한다.

국기 : 적색은 중국공산당(큰 별)을 중심으로 노동자, 농민, 소부르주
  아, 민족부르주아계급(4개의 작은 별) 등 모든 중국 인민이 단
  결하자는 뜻을 지닌다.

• 자료 출처 : 주중국대한민국대사관 www.koreanembassay.cn

1. 인천국제여객터미널Incheon International Ferry Terminal → 베이징Beijing → 시안Xian → 구이린Guilin → 난닝Nanning → 베트남 하노이Hanoi

2. 베트남 허커우Hakou → 중국 쿤밍Kunming → 베이징Beijing → 다롄Dalian → 단둥Dandong → 센양Syenyang → 하얼빈Harbin → 만저우리Manzhouli → 롱징Longjing → 투먼Tumen → 다롄Dalian → 옌타이Yantai → 웨이하이Weihai → 평택국제여객터미널Pyeongtaek International Ferry Terminal

휘부는 살바람에 옷깃을 세우고 우리네 인사동 같은 후통 골목길을 거닐어 보고, 전통적인 집을 손봐서 게스트하우스로 만든 숙소에서 며칠 묵으며 중국(China)의 전통을 느낀다. 어둠이 짙게 깔린 저녁, 베이징 역(Beijing Railway Station)은 여느 때처럼 보따리를 들고 이고 다니는 사람들과 민박집·식당의 호객꾼들로 북적거렸다. 추적추적 내리는 이슬비를 맞으며 단둥(Dandong)행 표를 사겠다고 중국어로 말하는 나에게 투명한 유리판 너머로 "No"라는 아주 간단한 답변만 흘러나왔다. 그리하여 웃돈을 내고 깨끗한 다롄(Dalian)행 밤기차를 탈 수밖에 없었다. 이튿날, 따뜻함과 쌀쌀함이 같이 느껴지는 다롄(Dalian)의 첫봄 날씨에 겉옷을 여미고 몸을 오그린다. 역 주변을 둘러보니 지하철 같은 메트로(MRT)와 높은 빌딩, 상가들, 호텔이 많다. 길 가운데로 느릿느릿하게 달리는 전차가 어제와 오늘을 이어주는 것 같다.

▶ 후퉁 마을에서 중국의 예스러움을 느끼다.

단둥(Dandong)행 시외버스를 찾기 위해 여기저기에 흩어져 있는 버스정류장마다 일일이 돌아다녀야만 했다. 무겁다 못해 버겁게 느껴지는 배낭을 벗어던지고 싶을 때쯤 단둥행 버스를 찾았다. 녹색 버스는 깨끗했다. 버스는 금방이라도 비나 눈이 내릴 것 같은 찌푸린 날씨 속에 스산한 겨울 들판을 지나 단둥에 도착했다. 단둥 역(Dandong Railway Station) 광장에는 오른손을 번쩍 들고 우두커니 서 있는 황갈색 코트의 마오쩌둥 동상(The Mao Statue)이 있다. 역을 중심으로 길 건너 세 번째 블록은 중국동포들의 밀집지역으로 우리나라 말로 된 간판(허투루 써진 간판도 많다)과 사람들의 옷차림이 마치 시간의 태엽을 뒤로 감아 한 세기를 거슬러 간 느낌이었다.

다음 날, 뜨뜻한 물이 없어서 찬물로 고양이세수만 하고는 한걸음에 달려간 곳은 바로 압록강(The Amrok River). 휑한 공원에 서서 끊어진 다리(The Broken Bridge)와 강 너머 맞은바라기에 있는 북한(North Korea) 신의주(Sinuiju)를 바라보며 우리네 아픔을 새로이 떠올린다. 중국(China)과 북한(North Korea)을 이어주는 철도를 따라 기차가 지나가고, 중국(China)의 관광상품으로 전락해버린 6·25전쟁 때 끊긴 다리(The Broken Bridge)를 보면서 씁쓸했다. 기념촬영을 위한 북한풍의 여름 한복이 북한(North Korea)을 바라보며 외로이 휘날리고 있다. 북한(North Korea)은 공장과 회색건물, 놀이기구가 있지만 움직임이 없다. 내가 서 있는 중국쪽에는 관광사업으로 우리말로 된 보람판을 내건 음식점이 많았고, 유니폼만 입은 직원들이 바람이 세찬 추운 날씨에도 아침 체조를 하고 있었다. 첫봄이라고는 하지만, 내 마음은 왜 이다지도 추운지.

▶ 단둥 시내 풍경과 마오쩌둥 동상이 있는 단둥 기차역

▶ 6·25전쟁 때 끊어진 다리

▶ 저 멀리 인기척도 없는 북한 신의주가 보인다.

어둠에 묻혀 더 낯설게 느껴지는 공업도시, 센양(Syenyang)에서 저렴한 숙소를 찾기란 쉽지 않았다. 예스러운 건물로 둘러싸인 마오쩌둥 동상(The Mao Statue)이 서 있는 광장을 지나 다국적기업과 대형쇼핑몰이 있는 중심가로 갔다. 민박집이 있으나 주인들은 중국당국에 투숙 신고를 위해 전산처리하는데 번거롭다면서 외국인은 중급 호텔로 가란다. 두툼한 비닐판으로 출입문을 막아 둔 모텔은 저렴했고, 외국인이라고 해서 특별하게 신고할 것도 없었다. 주인아주머니의 간사위가 좋았다. 다음 날 느지막하게 일어나서 트로트가 흘러나오는 한국 음식점에서 우리네 팥죽과 비슷한 죽과 된장찌개로 점심 곁두리로 먹고는 만주지역에서 일본 제국주의의가 남긴 생채기를 느낄 수 있는 '9·4박물관(The 4th September Museum)'에 들렀다.

박물관 밖에 우두커니 서 있는 책 한 권. 아름다움과는 거리가 먼 사회주의 건물에서 많이 묻어나는 차가움과 횅한 느낌이었다. 쌀쌀한 센양 날씨 속에 변두리에 있는 박물관에 방문객이 거의 없었다. 박물관 제1칸에는 주로 흑백사진이 걸려 있고, 제2칸은 밀랍인형으로 생체실험을 했던 그 당시의 끔찍한 상황을 사실적으로 전시하고 있다. 모름지기 같은 대륙에 사는 공동체로서 일본(Japan)을 껴안고 한뜻이 되어 비참한 전쟁이 더 이상 나오지 않도록 해야 할 것이다. 몰강스럽게 추운 날씨에 몸을 곱송그리며 걷는다. 어슴푸레 길을 밝히는 가로등을 따라 마음의 추위를 녹일 수 있는 코리아타운으로 발걸음을 재촉했다.

▶ 전쟁의 상흔을 잊지 않기 위해 건립한 9·1 박물관

센양(Syenyang)에서 하얼빈(Harbin)행 밤기차를 탔다. 북쪽으로 올라갈수록 해끗해끗 남아 있는 눈이 겨울이 끝나지 않았음을 말해준다. 기차는 다음 날 아침에서야 하얼빈 역(Harbin Railway Station)에 닿았고, 플랫폼에 표시되어 있다는 안중근 의사의 투항 현장부터 찾았다. 그러나 수많은 사람들 속에서 그 자취를 찾기란 쉽지 않았다. 하얼빈 역(Harbin Railway Station) 광장으로 빠져나가자 살바람이 휘불었다. 4월인데도 겨울 한파라니! 날리는 진눈깨비가 소소했다. 날씨가 지독스레 추워서 오래된 서양식 건물들이 눈에 들어오지 않고, 오로지 몸을 녹일 수 있는 따뜻한 공간을 찾아다녔다.

다음 날 아침, 눈 내린 후 질퍽해진 길을 조심스레 걸어 하얼빈에서 유일하게 중국동포가 운영하는 모텔에 들렀다. 세균전부대였던 '731부대(The Unit 731)'로 가는 버스를 확인하고, 시내버스로 1시간이나 걸려 도착했다. 굳게 닫힌 731부대 정문에서 추운 날씨 속에 중학생들이 재잘거리며 중국어로 '731부대(The Unit 731)'라고 새겨진 대리석 앞에서 기념촬영을 한다. 을씨년스러운 건물을 물끄러미 바라보며 내가 중학생 때 학교에서 단체로 보았던 영화 '마루타'. 너무나 끔찍해서 고개를 돌리거나 눈을 질끈 감으며 봤던 영화였는데, 머릿속에 충격적인 장면 몇 컷이 떠오른다.

드디어 문이 열리고 무릎 밑까지 오는 검은색 패딩 겉옷을 입은 길잡이가 나왔다. 그녀는 나를 보더니 넌지시 "일본인인가요?"부터 물었

다. 잔혹한 역사의 현장 속에 있는 중국인 학생들과 안내를 받고 있는
일본인 단체관광객들, 그리고 한국인 나.

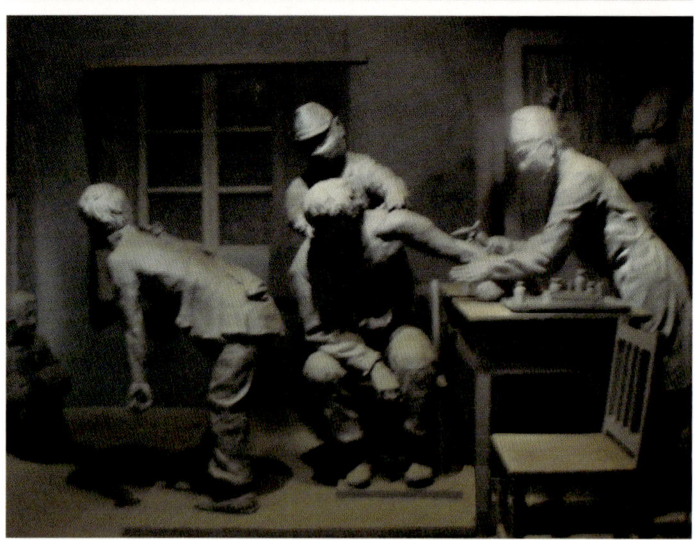

▶ 생체실험의 현장 731부대에서 몸서리치다.

건물 전체가 아닌 2층의 오른쪽 칸만 열어두었다. 731부대를 지휘했던 고위급 장교들의 사진과 집기도구, 생존자들의 인터뷰 내용, 관련 책자들(우리나라 작가의 책도 전시), 독가스로 실험했던 사진들, 작은 인형으로 생체실험 장면(박테리아 주사를 놓는 장면 등)을 만들어 놓았다. 조명도 없고, 소슬히 무거운 침묵만 흐르는 굳게 닫힌 빈터를 멀거니 바라보는데 스산하고 섬쩍지근하기만 했다. 현관문을 열고 나오니 답답한 내 마음을 시원하게 훑고 지나간다. 눈 녹은 물이 고여서 질퍽거리는 땅을 깨금발로 걸으며 건물 뒤로 갔다. 건물을 폭파시켜 증거를 없애려고 했다는 안내판 뒤로 움푹 파진 웅덩이가 몇 군데 보인다. 음산히 서려 있는 이곳에 하루빨리 봄의 새싹이 돋기를 바란다.

그다음 날 아침, '안중근 의사 기념관'을 방문했다. 4층에 있는 기념관의 입구에 긴 코트를 휘날리며 서 있는 안중근 의사의 동상이 있다. 긴 생머리의 여직원이 전등불을 켜주며 중국 당국으로부터 어렵게 승인받았다는 안중근 의사 100주년을 위한 기념우표도 보여 주었다. 안중근 의사의 일대기를 시작으로 하얼빈에서의 생활과 그와 한 뜻으로 같이 참여·투옥당했던 동료들, 재판장에서 낱낱이 늘어놓은 '이토 히로부미의 10가지 죄목'도 있다. 하얼빈 역(Harbin Railway Station)에서 총을 겨누었던 당시의 모습과 안중근 의사의 어록도 있다. 나는 재판을 받는 안중근 의사의 흑백사진과 '이토 히로부미의 10가지 죄목' 앞에 서서 한 세기가 지난 오늘날을 살아가는 나. 과연 동북아시아의 평화를 위해 무엇을 어떻게 할 것인가에 아랑곳 여겼다.

▶ 힘찬 그의 영혼에 느꺼워서 한참을 서 있었다.

하얼빈 역(Harbin Railway Station)에서 밤기차를 타고 도두보이는 계획
도시, 내몽골(Inner Mongolia) 만저우리(Manzhouli)로 향했다. 다음 날 아침,
만저우리 역(Manzhouli Railway Station)에서 택시 기사와 요금흥정을 하는
데 중국 남부지방 쿤밍(Kunming)에서 휴가를 위해 러시아(Russia)로 길
떠난다며 작은 배낭을 걸멘 중국 남성이 나를 거들어주었다. 러시아
와 국경을 맞대고 있는지라 러시아풍의 건물들이 빽빽하게 들어선
시내에는 쇼핑을 즐기는 러시아인들과 값싼 물건을 떼러 온 러시아
보따리장사꾼들, 러시아 번호를 단 작은 버스, 우리나라에서 수입한

▶ 계획도시, 만저우리 시내 전경

큰 버스들(중고), 러시아어로 써진 보람판을 쉽게 볼 수 있다.

허허벌판에 쭉 뻗은 도로를 시원하게 달리는 버스에서 따사로운 햇살을 받으니 낯섦의 긴장은 눈 녹은 듯이 사라지고 졸음이 밀려온다. 늦은 오후, 막막한 초원에 있는 마을 시치(Sichi)가 아슴푸레 들어온다. 시치시외버스터미널 직원은 몽골(Mongolia)로 들어가는 버스가 없다는 말만 되풀이했다. 이내 마음을 다독이고는 만저우리(Manzhouli)에서 만났던 한국인에게 전화를 걸어 시치(Sichi) 마을에서 몽골인들이 모여 사는 구역을 찾을 수 있었다. 내가 머물렀던 민박집은 몽골인들의 사랑방이다.

제2의 중국으로 불리는 내몽골(Inner Mongolia)에서부터 음식과 씻을 물이 별로 없다는 것, 그리고 재래식 화장실에서 몽골인의 삶을 조금 접해본다. 다붓하게 거닐면서 내몽골(Inner Mongolia)의 짙푸른 하늘과 이국적인 몽골어로 써진 작은 건물을 사진기에 담았다. 중국인 여성이 창문을 넘성하며 "어디에서 왔느냐?"고 하여 "한국에서 여행 왔다"고 짧게 맞받으며 다시 땅과 가까운 하늘이랑 당나귀가 끄는 작은 달구지를 사진기로 찍었다.

그런데 공안이 나를 부른다. 내가 어줍은 중국어로 인사하자, 중국어로 어떠한 설명도 없이 돈연히 작은 버스(승합차)에 강제적으로 태우고는 사진기도 빼앗았다. 그들은 연세가 지극한 통역관 어르신(우리 동포)을 태웠고, 마을 길목에 있던 경찰서가 아닌 마을 안의 파출소로 나를 데리고 갔다. 책임자라는 여자공안은 내 여권과 외국인여행허가증을 요구했고, 나는 덩굴진 마음과 볼멘소리로 "외국인여행허가증에 대한 정보가 없었다"고 말하고는 여권만 내밀었다. 그녀는 "왜 혼자 여행하느냐?", "사업가이냐?", "몽골(Mongolia)에는 왜 가려고 하느냐?" 등 밑두리콧두리 물음을 퍼부었다.

　이번에는 몽골(Mongolia) 사복경찰도 들어왔다. 내 옆의 어르신(통역관)은 우리말과 중국어, 몽골어를 번갈아서 통역했다. 내가 내일 아침 일찍 첫차를 타고 2시간이나 떨어진 관할시청으로 가서 여행허가증을 받는 것으로 사건은 끝막음. 공안들은 국경(그들의 언어로는 '변방')에서의 업무 중 북한이탈주민들이 시치(Sichi) 마을을 거쳐 외몽골(Outer Mongolia)로 들어간다는 말만 할 뿐 미안하다는 사과는 끝까지 없었다. 저녁 소소리바람에 몸을 한층 곱송그려 추위를 달래본다. 그날 밤은

몸이 느른하다 못해 늘쩍지근했다. 다음 날 관할시청에 물어보니 외국인거주증 혹은 여행허가증이 없어도 되며 얼마 전부터는 외국인에게도 국경이 열렸으니 아무런 문제가 없단다. 중국(China)의 이중정책에 골탕을 먹었다.

저녁때, 하얼빈(Harbin)에서 옌지(Yanji)와 룽징(Longjing)으로 들어가는 투먼(Tumen)행 기차에 올랐다. 침대칸에서 들려오는 우리말이 정겨웠다. 내 앞쪽 칸의 중국교포들에게 반갑게 인사했지만, 내가 느끼기에 그녀들은 반가움도 없으며 냅뜨지 않는 것 같았다. 다음 날 아침, 옌지(yenchi)에 도착. 역 근처에 있는 민박집은 인터넷을 사용할 수 있는 방과 그렇지 않은 방으로 나뉘었고, '조선족'이라고 적힌 민박집이 많았다. 그러나 막상 들어가면 중국인(한족)이 운영하고 있었다. 민박집 주인들이 '인터넷이 되는 방'을 힘줘서 말한 이유인즉슨, 연길시(Yenchi)에서 PC방을 이용할 때는 우리네 주민등록증 쉼직한 신분증 때문이다.

중국동포가 운영하는 깔끔한 민박집을 찾았다. 주인아저씨는 옌지에서 민박집을 운영하고, 아내는 우리나라에서 이주민노동을 한단다. 그는 한국인에 대해 부정적으로 말하며 표정이 이지러졌다. 사업한답시고 옌지에 들어온 한국인 중 몇 명이 작은 일에 버르르하고, 돈 좀 있다고 발보이하면서 중국동포와 중국인을 깔보는 등 그들의 오도발싸한 행동이 설찬다고 한다. 거듭해서 북한이탈주민을 만났던 일과 사업을 위해 북한(North Korea)을 들렀었던 얘기, 직접 겪었던 문화대혁명과 홍위병 얘기도 빠뜨리지 않았다.

이튿날, 우리나라 국립중앙박물관(The National Museum of South Korea)의

▶ 옌볜 기차역

▶ 우리나라의 국립중앙박물관의 지원으로 세운 박물관

뒷받침으로 세워진 옌볜박물관(The Ynbain Museum)으로 갔다. 중국어와 우리말이 유창한 보조운전기사는 내가 한국인임을 알고 친절하게 도와 주었다.

4월이면 옌지(Yenchi)에도 새싹이 돋을 시기인데, 올해는 기상이변으로 한겨울처럼 춥다고 한다. 꽃바람이 맵차게 불던 날에 들른 연길박물관은 조용하고, 싸늘했다. 우리나라에서 언어훈련을 받은 적이 있다는 직원이 2층 전시관을 열어주고, 고맙게도 안내까지 해준다. 세련된 전시관에는 중국동포들의 이주역사를 시작으로 옛날에 사용했던 농기구들, 전통의상, 전통놀이가 마련되어 있다.

꽃 바람이 세차게 불던 날, 옌지 모아 산(The Moa Mountain)에서 바라봤던 룽징(Longjing)으로 떠났다. '윤동주 선생의 옛터'를 찾아가기 위해서이다. 쓸쓸한 허허벌판과 민둥한 산이 돌라막고 있는 산골 마을인 명동(Meongdong)에 도착. 마을 입구에는 '윤동주 생가'라고 아로새겨진 큰 바위가 외로이 서 있었다. 널따란 흙 마당과 기와집, 묘목이 빙 둘러있는 담장이 고향에 온 것처럼 정겨웠다. 커피나 차를 마시면서 윤동주 선생의 문학에 대해 얘기 나누기에 좋을 작은 찻집은 우리의 따뜻한 손길을 기다리고 있었다. 앞으로 많은 방문객이 '윤동주 선생의 옛터'에 생명을 불어넣어 주었으면 하는 바람을 갖고 중국동포가 운행하는 공용버스에 올랐다. 다른 나라에서 우리 동포들과 편하게 지날말을 하는 것이 기분 좋았다.

▶ 한적한 산골 마을에 있는 윤동주 선생의 생가

점심 무렵에 닿은 투먼(Tumen). 두만강(The Duman River)으로 가는 길에 중국동포가 운영하는 한국음식점에서 헛헛한 속을 채우고는 한걸음에 두만강(The Tumen River)으로 갔다. 왼쪽에는 중국과 북한이 오가는 다리가, 오른쪽에는 철도가 있다. 조용히 흐르는 강물과 폭이 넓지 않아서 금방이라도 북한 땅을 밟을 수 있을 것 같은 두만강. 나무가 얼기설기한 중국과는 드다른 북한 쪽은 민둥하게 가지치기를 한 나무 몇 그루만이 우두커니 서 있다. 강둑을 넘어 북한 온정리 마을 뒤에는 산이 병풍처럼 돌라막고 있었고, 창문도 없는 희끄무레한 회색의 4층 건물, 간간이 모습을 보여주는 동네주민들, 왕왕 개 짖는 소리가 전부였다. 마을 이름은 '온정리'라고 하지만, 마을분위기는 온정을 느낄 수 없는 찬 기운과 쓸쓸함만이 흘렀다. 중국불교사원으로 올라가는 길목에는 맵찬 바람에 왱강거리는 '눈물 젖은 두만강' 노래비만 소슬히 홀로 서 있다.

▶ 조용히 깊게 흐르는 두만강 너머로 북한 온정리가 보인다.

투먼(Tumen)을 끝내고, 옛 직장 동료를 만나려고 센양(Syenyang)에 잠깐 들를 셈이었다. 투먼 역에 갔더니 기차역 직원(한족)이 데퉁스러운 말투로 침대칸이 모두 매진되었단다. 어쩔 수 없이 좌석칸 표를 끊었다. 다함 없이 겨울 날씨인데도 히터를 틀어주지 않았다. 싸느란 자리에 앉아 벌벌 떨어야만 했고, 말뚝잠(앉아서 자는 것)도 괴로웠다. 센양에서 머물렀던 민박집(중국동포가 운영)은 내 집처럼 편안하고 따뜻했으나, 밤마다 술을 마시고 스트립쇼를 하며 까들거리는 한국인 남성들이 주인과 이웃에게 큰 피해를 주고 있었다.

다롄(Dalian)에서 밤배를 타고 다음 날 아침 산둥지역의 옌타이(Yantai)에 도착. 쉴 틈도 없이 작은 버스를 타고 웨이하이(Weihai)로 가서 평택(Pyeongtaek)행 국제여객선에 가까스로 몸을 싣고 내리 발편잠을 잤다. 다음 날 아침, 서해대교가 보이고 우리나라 땅에 발을 내디디는 순간이 다가왔다. 내가 꿈꾸는 그곳, 나의 이데아에서 헤가르고 나와 나그넷길 1막을 끝막음한다.

동남아시아 한 바퀴 이렇게 돌다!

나눔	갖춤새	덧붙임
비자서류	여권, 사진 10장(비자용), 여권사본 5장, 미국달러	
의류&화장품류	방수점퍼, 카디건, 긴바지(의식&행사참여), 반바지, 민소매, 속옷, 스카프, 여름양말, 모자, 담요, 사롱, 등산화, 운동화, 슬리퍼(샌들), 등산용 장갑, 화장품, 자외선차단제	
세면도구류	수건, 손수건, 치약, 칫솔, 천연비누	
식기류	보온컵, 물통, 수저, 젓가락, 플라스틱용기, 작은 칼	
기기류	휴대용컴퓨터, 사진기, 헤드전등, 손전등, 손톱깎이	휴대전화
약품류	지사제, 소화제, 감기약, 습진연고, 일회용밴드, 물파스, 모기약, 핀셋, 솜, 붕대	
기타	배낭, 귀중품용 가방, 지도, 읽을 책, 수첩, 볼펜, 선물용 볼펜&한국물품, 손목시계, 선글라스 2개, 안경 2개, 우산, 비닐봉지	

<나라별 비자>

나라	비자 나눔	비자발급	머무름	비자 돈	나라	비자 나눔	비자발급	머무름	비자 돈
중국	선상 도착비자	신청 후 바로 나옴	30일	확인	말레이시아	국경 도착비자	바로 나옴	3개월	무비자
	대사관 신청비자	2일 걸림							
베트남	국경 도착비자	바로 나옴	15일	무비자	싱가포르	국경 도착비자	바로 나옴	3개월	무비자
캄보디아	대사관 신청비자	오전 신청 오후 나옴	1개월	US$ 25	인도네시아	국경 도착비자	바로 나옴	30일	확인
						대사관 신청비자	신청 후 4일 걸림		
						국경 도착비자	바로 나옴		
라오스	국경 도착비자	바로 나옴	15일	무비자	동티모르	국경 도착비자	바로 나옴	10일	확인
태국	국경 도착비자	바로 나옴	3개월	무비자	브루나이	국경 도착비자	바로 나옴	30일	무비자

* 동티모르 딜리(Dili) 소재의 인도네시아대사관은 비자 사진이 빨간색 바탕이어야 한다.

* 사바 주(Saba State)에서 사라왁 주(Sarawak State)로 들어갈 때 심사 후 사라왁 주에서 20일 머물 수 있는 무비자가 나왔다.

<경비 1>

나라	들른 곳	나라	들른 곳	나라	들른 곳	나라	들른 곳	나라	들른 곳
중국	베이징 2,316Y 시안 813Y 구이린 559Y 난닝 512Y 단둥 263Y 센양 285Y 하얼빈 233Y 연길 119Y 룽징 58Y 투먼 112Y 만저우리 423Y	태국	방콕 6,706B 끄라비 해변 3,462B 파타야 해변 446B 아유타야 1,317B 깐짜나부리 2,239B 피마이 355B 메솟 1,286B 치앙마이 1,394B 치앙라이 1,075B 매홍손 1,508B 치앙샌 1,412B	말레이시아	쿠알라룸푸르 239RM 말라카 60RM 조호르바루 188RM 타라칸 134RM 산타칸 232RM 코타 키나발루 423RM 라와스 134RM 미리 213RM 마루디 357RM 림방 456RM 쿠칭 114RM 카메룬하이랜드 118RM 페낭 278RM	인도네시아	바탐 섬 264,200Rp 수마트라 섬 1,953,000Rp 자카르타 2,200,800Rp 발리 1,599,000Rp 라부안바조르 1,175,200Rp 쿠팡 1,157,000Rp 롯데 섬 701,000Rp 칼라바히 521,500Rp 모메레&모니 899Rp 마카사르 378,700Rp 바우바우 686,500Rp 타나토라자 983,000Rp	브루나이	반다르 세리베가완 61.30B$ 벨라이트 10B$ 템부롱 127.80B$
베트남	하노이 1,800,000VND (하롱베이 포함) 호이안 1,518,000VND 사이공 1,284,000VND 라오까이 209,000VND	캄보디아	프놈펜 US$ 70.50 185,300R 시엠레아프 US$ 95.65 10,200R	라오스	훼이싸이 842,000K 루앙프라방 430,000K 비엔티안 505,000K	동티모르	딜리 US$ 259,90 (에르메라 포함)	싱가포르	싱가포르 166.75S$

<경비 2>

모둠	이룸(%)	모둠	이룸(%)	모둠	이룸(%)
교통비	33.76%	생필품	8.10%	1% 나눔	0.85%
숙박비	26.03%	비자비	6.94%		
식품비	18.83%	관광비	5.49%	**총비율**	100%

* 먼 길 떠나기에 앞서 반드시 국제여객터미널 쪽을 살펴보시길 바랍니다.

인천국제여객터미널

제1국제여객터미널

가는 곳	짜임새
단둥 丹冬 (단둥훼리)	월, 수, 금 17:00~ 화, 목, 토 10:00 일, 화, 목 16:00~ 월, 수, 금 09:00
다롄 大連 (대인훼리)	화, 목, 토 17:00~ 수, 금, 일 08:00 월, 수, 금 18:00~ 화, 목, 토 10:00
영구 營口 (범영훼리)	화 21:00~수 22:00 토 13:00~일 14:00 월,목 12:00~ 화,금 14:00
석도 石島 (화동훼리)	월, 수, 금 18:00~ 화, 목, 금 10:00 일, 화, 목 19:00~ 월, 수, 금 09:00
진황도 秦皇島 (진인해운)	월 19:00~화 19:00 금 13:00~토 13:00 일, 수 13:00~ 월, 목 13:00
연태 煙台 (한중훼리)	화 19:00~목 11:00 수 19:00~금 11:00 토 10:00~일 11:00 월, 수, 금 19:00~ 화, 목, 토 10:30

제2국제여객터미널

가는 곳	짜임새
웨이하이 威海 (위동훼리)	월, 수, 토 19:00~ 화, 목, 일 11:00 일, 화, 목 19:00~ 월, 수, 금 10:00
톈진 天進 (진천훼리)	화 13:00~수 15:00 금 19:00~토 21:00 일, 목 12:00~ 월, 금 14:30
청도 靑島 (위동훼리)	화, 목, 토 17:30~ 수, 금, 일 11:00 월, 수, 금 17:00~ 화, 목, 토 11:00
연운항 連云港 (연운항훼리)	화 19:00~수 19:00 토 15:00~일 15:00 월 12:00~화 13:00 목 14:00~금 15:00

인천국제여객터미널
www.incheonferry.co.kr
대표전화 032-880-3300

평택국제여객터미널

가는 곳	짜임새
일조 日照 (국제훼리)	월 15:00~화 10:00 수 19:00~목 13:00 금 20:00~토 16:00 일 11:00~월 08:00 화 16:00~수 12:00 목 18:00~금 14:00
웨이하이 威海 (교동훼리)	화, 목, 일 20:00~ 수, 금, 월 10:30 월, 수, 금 19:00~ 화, 목, 토 10:00
영성 迎城 (대룡해운)	화, 목, 토 20:00~ 수, 금, 일 08:30 수, 금, 일 19:30~ 목, 토, 월 09:00
연운항 連云港 (연운항훼리)	화, 토 23:00 월 11:00 목 13:00

평택국제여객터미널
www.pyeongtaek.go.kr
대표전화 031-659-4403

군산국제여객터미널

가는 곳	짜임새
석도 石島 (국제 훼리)	화, 목, 일 18:00~ 월, 수, 금 09:00 월, 수, 토 18:00~ 화, 목, 일 09:00

군산국제여객터미널
여객팀
063-441-1221~3

이정민

대학교에서 사회복지학을 전공했고, 필리핀(양육시설과 현지 학교에서 생활)과 키르기스스탄(시골학교에 병설유치반 설립)에서 해외자원활동을 했다. 두 차례의 해외자원활동은 우물 안 개구리가 되지 않게, 그리고 나 자신을 아는 데 큰 도움이 되었다. 혼자 떠나는 동남아시아 일주와 중앙아시아 일주는 나를 새로이 함과 동시에 성장시켜 주었다. 학교라는 틀보다는 틀이 없는 세상에서 많은 것을 배웠다. 일주를 끝내고 지금은 여러 이야기를 안고 우리나라에 같이 사는 이주여성의 예술적 소양을 끌어올려 그녀들에게 경제적 이익이 돌아가도록 설립한 비영리단체, 에코팜므(EcoFemme)에서 섬김을 배우고 있다.

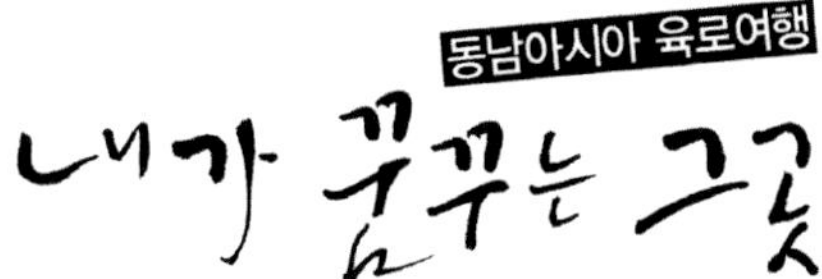

초 판 인 쇄 | 2012년 8월 10일
초 판 발 행 | 2012년 8월 10일

지 은 이 | 이정민
펴 낸 이 | 채종준
펴 낸 곳 | 한국학술정보㈜
주   소 | 경기도 파주시 문발동 파주출판문화정보산업단지 513-5
전   화 | 031) 908-3181(대표)
팩   스 | 031) 908-3189
홈 페 이 지 | http://ebook.kstudy.com
E - m a i l | 출판사업부 publish@kstudy.com
등   록 | 제일산-115호(2000. 6. 19)

ISBN   978-89-268-3500-5 13980 (Paper Book)
          978-89-268-3501-2 18980 (e-Book)

이담 Books 는 한국학술정보(주)의 지식실용서 브랜드입니다.